この本の特長と使い方

✎ 問題回数ギガ増しドリル!

たし算・ひき算で学習する内容が、この1冊でたっぷり学べます。

1枚ずつはがして
使うこともできます。

17 3つの 〇〇〇 算	日ひょう時間 **20分** 名前 ／100点 解説→166ページ

れい ひき算を〇

$$10-2-4=〇$$
$$=4〇$$

3つの 数の ひき算も、これまでの ひき算と 同じように、前から じゅんに 計算します。

❶ ひき算を しましょう。 1つ4点【48点】

(1) $10-2-1=$ (2) $5-3-1=$

(3) $7-4-1=$ (4) $8-3-4=$

(5) $6-2-2=$ (6) $9-2-5=$

(7) $8-2-6=$ (8) $7-3-2=$

(9) $9-5-1=$ (10) $6-1-1=$

(11) $8-2-3=$ (12) $10-2-2=$

❷ ひき算を しましょう。 (1)〜(8)1つ4点、(9)〜(12)1つ5点【52点】

(1) $15-5-7=$ (2) $13-3-0=$

(3) $11-1-2=$ (4) $16-6-1=$

(5) $15-5-8=$ (6) $17-7-5=$

(7) $16-6-4=$ (8) $18-8-3=$

(9) $13-3-9=$ (10) $12-2-6=$

(11) $14-4-3=$ (12) $10-0-4=$

✎ もう1回チャレンジできる!

裏面には、表面と同じ問題を掲載。
解きなおしや復習がしっかりできます。

裏面

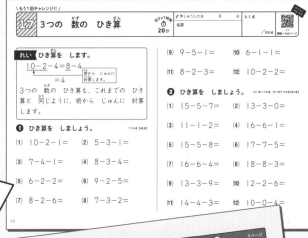

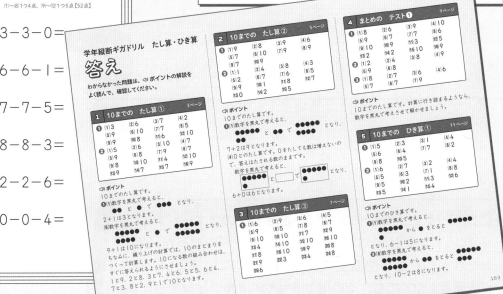

✎ バッチリわかる解き方例!

この単元で学習する内容が登場。
先どり学習にも最適です。

✎ マルつけはスマホでサクッと!

その場でサクッと、赤字解答入り誌面が見られます。

くわしくはp.2へ

✎「答え」のページはていねいな解説つき!

解き方がわかる◁ポイントがついています。

1

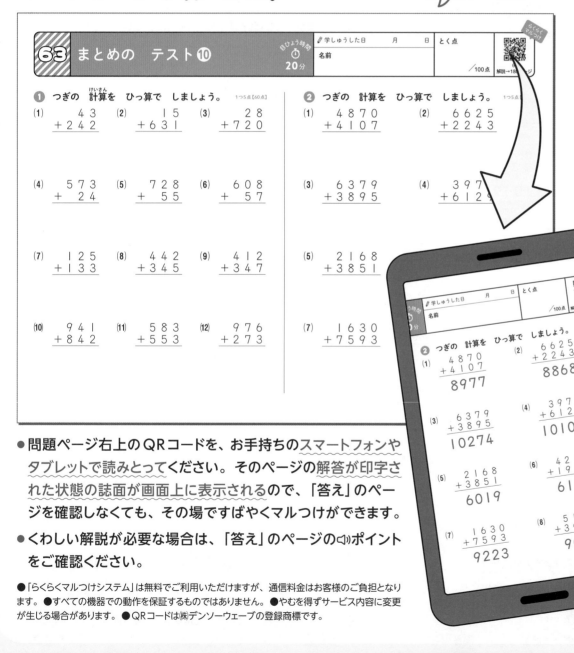
🎖 プラスαの学習効果で成績ぐんのび!

パズル問題で考える力を育みます。

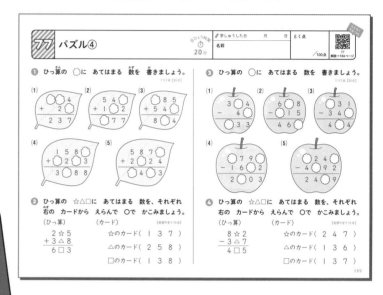

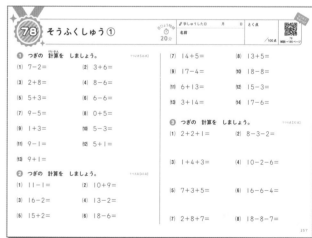

巻末のそうふくしゅうで、今より一歩先までがんばれます。

れい　たし算を　します。

$1 + 3 = 4$

●＋●●●＝●●●●
┕1こ┙┕3こ┙┕4こ┙

1 たし算を　しましょう。

1つ3点【36点】

(1) $2 + 1 =$　　　(2) $5 + 1 =$

(3) $6 + 1 =$　　　(4) $1 + 1 =$

(5) $8 + 1 =$　　　(6) $9 + 1 =$

(7) $4 + 3 =$　　　(8) $2 + 3 =$

(9) $6 + 3 =$　　　(10) $5 + 3 =$

(11) $3 + 3 =$　　　(12) $7 + 3 =$

2 たし算を　しましょう。

1つ4点【64点】

(1) $4 + 1 =$　　　(2) $4 + 2 =$

(3) $4 + 6 =$　　　(4) $4 + 3 =$

(5) $4 + 5 =$　　　(6) $4 + 4 =$

(7) $6 + 3 =$　　　(8) $6 + 1 =$

(9) $6 + 2 =$　　　(10) $6 + 4 =$

(11) $3 + 1 =$　　　(12) $3 + 7 =$

(13) $3 + 6 =$　　　(14) $3 + 4 =$

(15) $5 + 2 =$　　　(16) $5 + 4 =$

1 10までの たし算①

学しゅうした日　　　月　　　日

名前

とく点

／100点

01
解説→163ページ

れい たし算を します。

$1 + 3 = 4$

● + ●●● = ●●●●

1こ　　3こ　　　4こ

❶ たし算を しましょう。

1つ3点【36点】

(1) $2 + 1 =$　　　(2) $5 + 1 =$

(3) $6 + 1 =$　　　(4) $1 + 1 =$

(5) $8 + 1 =$　　　(6) $9 + 1 =$

(7) $4 + 3 =$　　　(8) $2 + 3 =$

(9) $6 + 3 =$　　　(10) $5 + 3 =$

(11) $3 + 3 =$　　　(12) $7 + 3 =$

❷ たし算を しましょう。

1つ4点【64点】

(1) $4 + 1 =$　　　(2) $4 + 2 =$

(3) $4 + 6 =$　　　(4) $4 + 3 =$

(5) $4 + 5 =$　　　(6) $4 + 4 =$

(7) $6 + 3 =$　　　(8) $6 + 1 =$

(9) $6 + 2 =$　　　(10) $6 + 4 =$

(11) $3 + 1 =$　　　(12) $3 + 7 =$

(13) $3 + 6 =$　　　(14) $3 + 4 =$

(15) $5 + 2 =$　　　(16) $5 + 4 =$

目ひょう時間 ⏱ 20分

🖊 学しゅうした日　　　月　　　日
名前
とく点　　／100点
02
解説→163ページ

れい たし算を します。

$$3 + 0 = 3$$

●●● ＋ 〔　　〕 ＝ ●●●

0との たし算では、数は かわらないので、
3と0の たし算は 3のままです。

---

1 たし算を しましょう。　　　1つ4点【40点】

(1) 7＋2＝

(2) 2＋6＝

(3) 1＋8＝

(4) 6＋0＝

(5) 5＋2＝

(6) 3＋7＝

(7) 0＋9＝

(8) 5＋4＝

(9) 4＋3＝

(10) 1＋8＝

---

 2 たし算を しましょう。　　　1つ4点【60点】

(1) 0＋1＝

(2) 4＋0＝

(3) 8＋0＝

(4) 0＋3＝

(5) 0＋2＝

(6) 7＋0＝

(7) 0＋6＝

(8) 5＋0＝

(9) 9＋0＝

(10) 1＋0＝

(11) 0＋8＝

(12) 0＋7＝

(13) 0＋0＝

(14) 2＋0＝

(15) 0＋5＝

2 10までの たし算②

目ひょう時間 ⏱ 20分

学しゅうした日　　月　　日

名前

とく点 ／100点

らくらく マルつけ

02 解説→163ページ

れい　たし算を します。

$$3 + 0 = 3$$

●●● + [　　] = ●●●

0との たし算では、数は かわらないので、
3と0の たし算は 3のままです。

---

❶ たし算を しましょう。　　1つ4点【40点】

(1) $7+2=$　　　　(2) $2+6=$

(3) $1+8=$　　　　(4) $6+0=$

(5) $5+2=$　　　　(6) $3+7=$

(7) $0+9=$　　　　(8) $5+4=$

(9) $4+3=$　　　　(10) $1+8=$

❷ たし算を しましょう。　　1つ4点【60点】

(1) $0+1=$　　　　(2) $4+0=$

(3) $8+0=$　　　　(4) $0+3=$

(5) $0+2=$　　　　(6) $7+0=$

(7) $0+6=$　　　　(8) $5+0=$

(9) $9+0=$　　　　(10) $1+0=$

(11) $0+8=$　　　　(12) $0+7=$

(13) $0+0=$　　　　(14) $2+0=$

(15) $0+5=$

目ひょう時間 ⏱ 20分

学しゅうした日 　月　　日

名前

とく点 ／100点

03 解説→163ページ

れい たし算を します。

$$4 + 6 = 10$$

1 たし算を しましょう。

1つ4点

(1) $5+1=$　　　(2) $5+4=$

(3) $2+4=$　　　(4) $5+0=$

(5) $7+2=$　　　(6) $3+2=$

(7) $0+8=$　　　(8) $5+2=$

(9) $7+3=$　　　(10) $0+10=$

(11) $3+4=$　　　(12) $4+5=$

(13) $0+4=$　　　(14) $6+4=$

(15) $8+2=$　　　(16) $5+5=$

(17) $7+1=$　　　(18) $2+8=$

(19) $8+1=$　　　(20) $6+2=$

(21) $2+7=$　　　(22) $1+2=$

(23) $2+2=$　　　(24) $5+3=$

(25) $0+6=$

3 10までの たし算③

学しゅうした日 　　月　　日

名前

とく点 ／100点

03 解説→163ページ

れい たし算を します。

$$4 + 6 = 10$$

---

❶ たし算を しましょう。　　1つ4点

(1) $5+1=$　　　(2) $5+4=$

(3) $2+4=$　　　(4) $5+0=$

(5) $7+2=$　　　(6) $3+2=$

(7) $0+8=$　　　(8) $5+2=$

(9) $7+3=$　　　(10) $0+10=$

(11) $3+4=$　　　(12) $4+5=$

(13) $0+4=$　　　(14) $6+4=$

(15) $8+2=$　　　(16) $5+5=$

(17) $7+1=$　　　(18) $2+8=$

(19) $8+1=$　　　(20) $6+2=$

(21) $2+7=$　　　(22) $1+2=$

(23) $2+2=$　　　(24) $5+3=$

(25) $0+6=$

まとめの テスト ❶

目ひょう時間 ⏱ 20分

✏ 学しゅうした日　　月　　日

名前

とく点

／100点

04
解説→163ページ

❶ たし算を しましょう。

1つ3点【48点】

(1) 2+6＝

(2) 3+3＝

(3) 4+5＝

(4) 1+9＝

(5) 6+3＝

(6) 3+4＝

(7) 7+0＝

(8) 5+1＝

(9) 7+3＝

(10) 7+2＝

(11) 1+2＝

(12) 2+3＝

(13) 0+2＝

(14) 1+1＝

(15) 8+2＝

(16) 4+5＝

❷ たし算を しましょう。

1つ4点【24点】

(1) 0+2＝

(2) 2+2＝

(3) 8+0＝

(4) 2+7＝

(5) 9+0＝

(6) 4+4＝

❸ たし算を しましょう。

1つ4点【28点】

(1) 6+2＝

(2) 1+6＝

(3) 2+4＝

(4) 1+5＝

(5) 6+1＝

(6) 0+7＝

(7) 4+5＝

4 まとめの テスト❶

ひょう時間 ⏱ 20分

✎ 学しゅうした日　　　月　　　日

名前

とく点

／100点

解説→163ページ 04

❶ たし算を しましょう。

1つ3点【48点】

(1) $2+6=$　　(2) $3+3=$

(3) $4+5=$　　(4) $1+9=$

(5) $6+3=$　　(6) $3+4=$

(7) $7+0=$　　(8) $5+1=$

(9) $7+3=$　　(10) $7+2=$

(11) $1+2=$　　(12) $2+3=$

(13) $0+2=$　　(14) $1+1=$

(15) $8+2=$　　(16) $4+5=$

❷ たし算を しましょう。

1つ4点【24点】

(1) $0+2=$　　(2) $2+2=$

(3) $8+0=$　　(4) $2+7=$

(5) $9+0=$　　(6) $4+4=$

❸ たし算を しましょう。

1つ4点【28点】

(1) $6+2=$　　(2) $1+6=$

(3) $2+4=$　　(4) $1+5=$

(5) $6+1=$　　(6) $0+7=$

(7) $4+5=$

目ひょう時間
⏱
20分

学しゅうした日　　　月　　　日

名前

とく点

／100点

05
解説→163ページ

れい ひき算を します。

$5-3=2$

●●●●●から ●●●を とると、

●●に なります。

---

① ひき算を しましょう。

1つ4点【40点】

(1) $6-1=$　　　(2) $6-3=$

(3) $6-5=$　　　(4) $6-2=$

(5) $9-3=$　　　(6) $9-5=$

(7) $9-2=$　　　(8) $9-7=$

(9) $9-1=$　　　(10) $9-4=$

---

② ひき算を しましょう。

1つ4点【60点】

(1) $8-2=$　　　(2) $9-2=$

(3) $4-2=$　　　(4) $6-2=$

(5) $7-2=$　　　(6) $5-2=$

(7) $3-2=$　　　(8) $10-2=$

(9) $8-3=$　　　(10) $6-4=$

(11) $7-4=$　　　(12) $10-4=$

(13) $9-4=$　　　(14) $5-4=$

(15) $8-4=$

5 **10までの　ひき算①**

目ひょう時間
⏱
20分

学しゅうした日　　　月　　　日　とく点

名前

／100点

05
解説→163ページ

れい　ひき算を　します。

$5 - 3 = 2$

●●●●●から　●●●を　とると、

●●に　なります。

---

❶ ひき算を　しましょう。

1つ4点【40点】

(1)　$6 - 1 =$

(2)　$6 - 3 =$

(3)　$6 - 5 =$

(4)　$6 - 2 =$

(5)　$9 - 3 =$

(6)　$9 - 5 =$

(7)　$9 - 2 =$

(8)　$9 - 7 =$

(9)　$9 - 1 =$

(10)　$9 - 4 =$

 ひき算を　しましょう。

1つ4点【60点】

(1)　$8 - 2 =$

(2)　$9 - 2 =$

(3)　$4 - 2 =$

(4)　$6 - 2 =$

(5)　$7 - 2 =$

(6)　$5 - 2 =$

(7)　$3 - 2 =$

(8)　$10 - 2 =$

(9)　$8 - 3 =$

(10)　$6 - 4 =$

(11)　$7 - 4 =$

(12)　$10 - 4 =$

(13)　$9 - 4 =$

(14)　$5 - 4 =$

(15)　$8 - 4 =$

6 **10までの　ひき算②**

目ひょう時間
⏱ **20分**

 学しゅうした日　　　月　　　日

名前

とく点

／100点

解説→164ページ

 らくらくマルつけ 06

れい　ひき算を　します。

$2-2=0$

●● から ●● を　とると □ です。

$2-0=2$

●● から □ を　とると ●● です。

① ひき算を　しましょう。 1つ4点【32点】

(1) $3-3=$　　　(2) $4-4=$

(3) $5-5=$　　　(4) $8-8=$

(5) $7-7=$　　　(6) $1-1=$

(7) $6-6=$　　　(8) $9-9=$

② ひき算を　しましょう。 1つ6点【36点】

(1) $8-0=$　　　(2) $7-0=$

(3) $4-0=$　　　(4) $6-0=$

(5) $9-0=$　　　(6) $5-0=$

③ ひき算を　しましょう。 1つ4点【32点】

(1) $6-4=$　　　(2) $5-0=$

(3) $8-8=$　　　(4) $7-5=$

(5) $10-2=$　　　(6) $4-4=$

(7) $6-1=$　　　(8) $1-0=$

⑥ 10までの ひき算②

🖊 学しゅうした日	月	日	とく点
名前			/100点

06 解説→164ページ

れい　ひき算を　します。

$2-2=0$

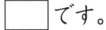 から ●● を　とると □ です。

$2-0=2$

●● から □ を　とると ●● です。

---

❶ ひき算を　しましょう。 　　1つ4点【32点】

(1) $3-3=$ 　　(2) $4-4=$

(3) $5-5=$ 　　(4) $8-8=$

(5) $7-7=$ 　　(6) $1-1=$

(7) $6-6=$ 　　(8) $9-9=$

❷ ひき算を　しましょう。 　　1つ6点【36点】

(1) $8-0=$ 　　(2) $7-0=$

(3) $4-0=$ 　　(4) $6-0=$

(5) $9-0=$ 　　(6) $5-0=$

❸ ひき算を　しましょう。 　　1つ4点【32点】

(1) $6-4=$ 　　(2) $5-0=$

(3) $8-8=$ 　　(4) $7-5=$

(5) $10-2=$ 　　(6) $4-4=$

(7) $6-1=$ 　　(8) $1-0=$

学しゅうした日　　月　　日　名前　　とく点　／100点　07　解説→164ページ

れい ひき算を します。

$10-4=6$

●●●●●●●●●●から ●●●● を
とると ●●●●●● に なります。

---

1 ひき算を しましょう。

1つ4点【40点】

(1) $9-4=$　　　　(2) $6-2=$

(3) $8-5=$　　　　(4) $9-5=$

(5) $3-2=$　　　　(6) $6-4=$

(7) $7-4=$　　　　(8) $6-1=$

(9) $8-6=$　　　　(10) $7-3=$

---

2 ひき算を しましょう。

1つ4点【60点】

(1) $9-2=$　　　　(2) $10-1=$

(3) $8-1=$　　　　(4) $9-3=$

(5) $7-0=$　　　　(6) $8-2=$

(7) $10-3=$　　　(8) $9-0=$

(9) $8-0=$　　　　(10) $10-6=$

(11) $9-6=$　　　　(12) $9-2=$

(13) $6-3=$　　　　(14) $3-1=$

(15) $4-2=$

7 10までの ひき算③

| ✎ 学しゅうした日 | 月 | 日 | とく点 |
| 名前 | | | /100点 |

07 解説→164ページ

れい ひき算を します。

$10 - 4 = 6$

●●●●●●●●●●から ●●●●を
とると ●●●●●●に なります。

---

❶ ひき算を しましょう。　　1つ4点【40点】

(1) $9 - 4 =$　　(2) $6 - 2 =$

(3) $8 - 5 =$　　(4) $9 - 5 =$

(5) $3 - 2 =$　　(6) $6 - 4 =$

(7) $7 - 4 =$　　(8) $6 - 1 =$

(9) $8 - 6 =$　　(10) $7 - 3 =$

❷ ひき算を しましょう。　　1つ4点【60点】

(1) $9 - 2 =$　　(2) $10 - 1 =$

(3) $8 - 1 =$　　(4) $9 - 3 =$

(5) $7 - 0 =$　　(6) $8 - 2 =$

(7) $10 - 3 =$　　(8) $9 - 0 =$

(9) $8 - 0 =$　　(10) $10 - 6 =$

(11) $9 - 6 =$　　(12) $9 - 2 =$

(13) $6 - 3 =$　　(14) $3 - 1 =$

(15) $4 - 2 =$

学しゅうした日　　月　　日　とく点　名前　／100点

08 解説→164ページ

①　計算を　しましょう。　　1つ3点【18点】

(1)　5−2＝

(2)　5＋3＝

(3)　4＋5＝

(4)　10−7＝

(5)　7＋2＝

(6)　9−6＝

②　計算を　しましょう。　　1つ3点【18点】

(1)　6−0＝

(2)　5＋1＝

(3)　2＋1＝

(4)　7−2＝

(5)　8−2＝

(6)　3＋4＝

③　計算を　しましょう。　　1つ4点【64点】

(1)　7−5＝

(2)　1＋2＝

(3)　2＋6＝

(4)　4−3＝

(5)　8−4＝

(6)　2＋3＝

(7)　10−4＝

(8)　4＋5＝

(9)　6−1＝

(10)　7＋1＝

(11)　2＋2＝

(12)　6−3＝

(13)　7−3＝

(14)　4＋0＝

(15)　9−7＝

(16)　6＋2＝

8 # 10までの たし算と ひき算①

学しゅうした日　　　月　　　日

名前

とく点　　／100点

08
解説→164ページ

---

❶ 計算を しましょう。　　1つ3点【18点】

(1) $5-2=$　　　　(2) $5+3=$

(3) $4+5=$　　　　(4) $10-7=$

(5) $7+2=$　　　　(6) $9-6=$

❷ 計算を しましょう。　　1つ3点【18点】

(1) $6-0=$　　　　(2) $5+1=$

(3) $2+1=$　　　　(4) $7-2=$

(5) $8-2=$　　　　(6) $3+4=$

❸ 計算を しましょう。　　1つ4点【64点】

(1) $7-5=$　　　　(2) $1+2=$

(3) $2+6=$　　　　(4) $4-3=$

(5) $8-4=$　　　　(6) $2+3=$

(7) $10-4=$　　　(8) $4+5=$

(9) $6-1=$　　　　(10) $7+1=$

(11) $2+2=$　　　　(12) $6-3=$

(13) $7-3=$　　　　(14) $4+0=$

(15) $9-7=$　　　　(16) $6+2=$

目ひょう時間 ⏱ 20分

✏ 学しゅうした日　　　月　　　日
名前
とく点　　／100点

09
解説→164ページ

① 計算を しましょう。　1つ3点【18点】

(1) $7-2=$　　　(2) $8+0=$

(3) $3+5=$　　　(4) $9-2=$

(5) $9+1=$　　　(6) $5-0=$

② 計算を しましょう。　1つ3点【18点】

(1) $6-6=$　　　(2) $8+2=$

(3) $4+5=$　　　(4) $10-2=$

(5) $7-4=$　　　(6) $2+3=$

③ 計算を しましょう。　1つ4点【64点】

(1) $9-5=$　　　(2) $3+2=$

(3) $0+7=$　　　(4) $7-3=$

(5) $8-6=$　　　(6) $4+3=$

(7) $7-1=$　　　(8) $0+0=$

(9) $8-4=$　　　(10) $9+1=$

(11) $5+2=$　　　(12) $8-2=$

(13) $10-5=$　　　(14) $0+7=$

(15) $9-3=$　　　(16) $4+6=$

19

9 10までの たし算と ひき算②

目ひょう時間 **20**分

学しゅうした日　　月　　日
名前
とく点　／100点
09
解説→164ページ

---

❶ 計算を しましょう。　1つ3点【18点】

(1) 7－2＝

(2) 8＋0＝

(3) 3＋5＝

(4) 9－2＝

(5) 9＋1＝

(6) 5－0＝

❷ 計算を しましょう。　1つ3点【18点】

(1) 6－6＝

(2) 8＋2＝

(3) 4＋5＝

(4) 10－2＝

(5) 7－4＝

(6) 2＋3＝

---

❸ 計算を しましょう。　1つ4点【64点】

(1) 9－5＝

(2) 3＋2＝

(3) 0＋7＝

(4) 7－3＝

(5) 8－6＝

(6) 4＋3＝

(7) 7－1＝

(8) 0＋0＝

(9) 8－4＝

(10) 9＋1＝

(11) 5＋2＝

(12) 8－2＝

(13) 10－5＝

(14) 0＋7＝

(15) 9－3＝

(16) 4＋6＝

まとめの テスト❷

学しゅうした日　　　月　　　日
名前
とく点　　　／100点

❶ ひき算を しましょう。　　　1つ3点【48点】

(1)　8−3＝

(2)　4−0＝

(3)　6−4＝

(4)　9−5＝

(5)　10−6＝

(6)　2−1＝

(7)　4−4＝

(8)　7−5＝

(9)　8−5＝

(10)　5−1＝

(11)　6−0＝

(12)　10−8＝

(13)　9−3＝

(14)　8−1＝

(15)　7−3＝

(16)　3−3＝

❷ 計算を しましょう。　　　1つ4点【24点】

(1)　8−6＝

(2)　5+2＝

(3)　4+6＝

(4)　7−2＝

(5)　2+2＝

(6)　7−7＝

❸ 計算を しましょう。　　　1つ4点【28点】

(1)　6−4＝

(2)　5+5＝

(3)　7+2＝

(4)　7−3＝

(5)　8−1＝

(6)　2+4＝

(7)　4+4＝

10 まとめの テスト❷

🖉 学しゅうした日　　月　　日

名前

とく点　　／100点

解説→164ページ

---

❶ ひき算を しましょう。

1つ3点【48点】

(1) $8-3=$　　(2) $4-0=$

(3) $6-4=$　　(4) $9-5=$

(5) $10-6=$　　(6) $2-1=$

(7) $4-4=$　　(8) $7-5=$

(9) $8-5=$　　(10) $5-1=$

(11) $6-0=$　　(12) $10-8=$

(13) $9-3=$　　(14) $8-1=$

(15) $7-3=$　　(16) $3-3=$

❷ 計算を しましょう。

1つ4点【24点】

(1) $8-6=$　　(2) $5+2=$

(3) $4+6=$　　(4) $7-2=$

(5) $2+2=$　　(6) $7-7=$

❸ 計算を しましょう。

1つ4点【28点】

(1) $6-4=$　　(2) $5+5=$

(3) $7+2=$　　(4) $7-3=$

(5) $8-1=$　　(6) $2+4=$

(7) $4+4=$

目ひょう時間 20分

学しゅうした日　　月　　日
名前
とく点　／100点
解説→164ページ 11

れい　たし算を します。

$$12 + 1 = 13$$

　10はそのまま　

12を 10と 2に わけて 考えます。2 と 1を 合わせると、3です。10と 3 で 13です。

① たし算を しましょう。　　　　1つ5点【50点】

(1) $10+2=$　　(2) $10+4=$

(3) $10+5=$　　(4) $10+6=$

(5) $10+1=$　　(6) $10+3=$

(7) $10+9=$　　(8) $10+8=$

(9) $10+0=$　　(10) $10+7=$

② たし算を しましょう。　　　　1つ4点【20点】

(1) $15+1=$　　(2) $15+3=$

(3) $15+4=$　　(4) $15+2=$

(5) $15+0=$

③ たし算を しましょう。　　　　1つ5点【30点】

(1) $2+12=$　　(2) $5+12=$

(3) $3+12=$　　(4) $7+12=$

(5) $6+12=$　　(6) $4+12=$

11 20までの たし算①

目ひょう時間 ⏱ 20分

学しゅうした日　　　月　　　日

名前

とく点

／100点

解説→164ページ

 たし算を します。

$12 + 1 = 13$

10はそのまま

12を 10と 2に わけて 考えます。2 と 1を 合わせると、3です。10と 3 で 13です。

❶ たし算を しましょう。

1つ5点【50点】

(1) $10+2=$　　(2) $10+4=$

(3) $10+5=$　　(4) $10+6=$

(5) $10+1=$　　(6) $10+3=$

(7) $10+9=$　　(8) $10+8=$

(9) $10+0=$　　(10) $10+7=$

❷ たし算を しましょう。

1つ4点【20点】

(1) $15+1=$　　(2) $15+3=$

(3) $15+4=$　　(4) $15+2=$

(5) $15+0=$

❸ たし算を しましょう。

1つ5点【30点】

(1) $2+12=$　　(2) $5+12=$

(3) $3+12=$　　(4) $7+12=$

(5) $6+12=$　　(6) $4+12=$

🖉 学しゅうした日　　月　　日　　とく点

名前

／100点

12
解説→165ページ

❶ たし算を しましょう。　　　　　　1つ3点【18点】

(1)　10+5=　　　(2)　18+0=

(3)　15+3=　　　(4)　11+7=

(5)　15+2=　　　(6)　9+10=

❷ たし算を しましょう。　　　　　　1つ3点【18点】

(1)　4+15=　　　(2)　6+11=

(3)　2+14=　　　(4)　3+12=

(5)　13+4=　　　(6)　1+11=

❸ たし算を しましょう。　　　　　　1つ4点【64点】

(1)　4+14=　　　(2)　5+13=

(3)　12+3=　　　(4)　18+1=

(5)　16+0=　　　(6)　3+14=

(7)　17+1=　　　(8)　11+6=

(9)　4+10=　　　(10)　5+14=

(11)　13+3=　　　(12)　4+11=

(13)　14+4=　　　(14)　2+12=

(15)　13+5=　　　(16)　6+13=

12 20までの たし算②

目ひょう時間
🕐
20分

✏ 学しゅうした日　　　月　　　日

名前

とく点

／100点

解説→165ページ

---

❶ たし算を しましょう。 　1つ3点【18点】

(1) $10+5=$　　　(2) $18+0=$

(3) $15+3=$　　　(4) $11+7=$

(5) $15+2=$　　　(6) $9+10=$

❷ たし算を しましょう。 　1つ3点【18点】

(1) $4+15=$　　　(2) $6+11=$

(3) $2+14=$　　　(4) $3+12=$

(5) $13+4=$　　　(6) $1+11=$

❸ たし算を しましょう。 　1つ4点【64点】

(1) $4+14=$　　　(2) $5+13=$

(3) $12+3=$　　　(4) $18+1=$

(5) $16+0=$　　　(6) $3+14=$

(7) $17+1=$　　　(8) $11+6=$

(9) $4+10=$　　　(10) $5+14=$

(11) $13+3=$　　　(12) $4+11=$

(13) $14+4=$　　　(14) $2+12=$

(15) $13+5=$　　　(16) $6+13=$

目ひょう時間
🕐 **20分**

学しゅうした日　　月　　日　　とく点

名前

／100点

13
解説→165ページ

らくらく
マルつけ

れい **ひき算を　します。**

$$16 - 2 = 14$$

  10はそのまま

16を　10と　6に　わけて　考えます。
6から　2を　ひくと　4です。10と　4
で　14です。

❶ **ひき算を　しましょう。**

1つ6点【36点】

(1)　19−5＝　　　(2)　19−0＝

(3)　19−3＝　　　(4)　19−7＝

(5)　19−2＝　　　(6)　19−8＝

❷ **ひき算を　しましょう。**

1つ4点【64点】

(1)　17−5＝　　　(2)　18−0＝

(3)　16−3＝　　　(4)　18−7＝

(5)　12−2＝　　　(6)　16−4＝

(7)　15−5＝　　　(8)　14−4＝

(9)　15−2＝　　　(10)　16−5＝

(11)　18−2＝　　　(12)　17−6＝

(13)　18−5＝　　　(14)　13−2＝

(15)　12−1＝　　　(16)　19−4＝

13 20までの ひき算

目ひょう時間 ⏱ 20分

学しゅうした日　　　月　　　日　　とく点

名前

／100点

解説→165ページ

れい ひき算を します。

$$16 - 2 = 14$$

10はそのまま

16を 10と 6に わけて 考えます。
6から 2を ひくと 4です。10と 4
で 14です。

❶ ひき算を しましょう。

1つ6点【36点】

(1) 19−5＝

(2) 19−0＝

(3) 19−3＝

(4) 19−7＝

(5) 19−2＝

(6) 19−8＝

❷ ひき算を しましょう。

1つ4点【64点】

(1) 17−5＝

(2) 18−0＝

(3) 16−3＝

(4) 18−7＝

(5) 12−2＝

(6) 16−4＝

(7) 15−5＝

(8) 14−4＝

(9) 15−2＝

(10) 16−5＝

(11) 18−2＝

(12) 17−6＝

(13) 18−5＝

(14) 13−2＝

(15) 12−1＝

(16) 19−4＝

目ひょう時間 **20分**

／学しゅうした日　　月　　日

名前

とく点 ／100点

14
解説→165ページ

① 計算を しましょう。　　1つ3点【18点】

(1) 11+5=　　(2) 16-2=

(3) 18-3=　　(4) 17+1=

(5) 19-6=　　(6) 18-8=

② 計算を しましょう。　　1つ3点【18点】

(1) 2+17=　　(2) 15-2=

(3) 6+11=　　(4) 3+11=

(5) 14-3=　　(6) 18+1=

③ 計算を しましょう。　　1つ4点【64点】

(1) 16-5=　　(2) 15+3=

(3) 15-3=　　(4) 14-2=

(5) 14+2=　　(6) 13-2=

(7) 14+5=　　(8) 12+4=

(9) 17-4=　　(10) 18-7=

(11) 5+13=　　(12) 19-5=

(13) 3+16=　　(14) 6+12=

(15) 17-5=　　(16) 4+15=

14 20までの たし算と ひき算

学しゅうした日	月	日	とく点
名前			/100点

解説→165ページ

❶ 計算を しましょう。　1つ3点【18点】

(1) $11+5=$　　(2) $16-2=$

(3) $18-3=$　　(4) $17+1=$

(5) $19-6=$　　(6) $18-8=$

❷ 計算を しましょう。　1つ3点【18点】

(1) $2+17=$　　(2) $15-2=$

(3) $6+11=$　　(4) $3+11=$

(5) $14-3=$　　(6) $18+1=$

❸ 計算を しましょう。　1つ4点【64点】

(1) $16-5=$　　(2) $15+3=$

(3) $15-3=$　　(4) $14-2=$

(5) $14+2=$　　(6) $13-2=$

(7) $14+5=$　　(8) $12+4=$

(9) $17-4=$　　(10) $18-7=$

(11) $5+13=$　　(12) $19-5=$

(13) $3+16=$　　(14) $6+12=$

(15) $17-5=$　　(16) $4+15=$

まとめの テスト❸

日ひょう時間
⏱ 20分

✐ 学しゅうした日　　　月　　　日
名前

とく点
／100点

15
解説→165ページ

① 計算を しましょう。　　　　　　　　1つ3点【48点】

(1)　17+2=

(2)　16−5=

(3)　15−5=

(4)　12+6=

(5)　18−6=

(6)　14−3=

(7)　4+15=

(8)　6+12=

(9)　18−4=

(10)　15−2=

(11)　12+4=

(12)　19−3=

(13)　3+13=

(14)　5+11=

(15)　5+10=

(16)　19−7=

② 計算を しましょう。　　　　　　　　1つ4点【24点】

(1)　12−1=

(2)　15+4=

(3)　18−5=

(4)　14−4=

(5)　10+2=

(6)　16−2=

③ 計算を しましょう。　　　　　　　　1つ4点【28点】

(1)　17+2=

(2)　10+4=

(3)　16−3=

(4)　17−7=

(5)　4+13=

(6)　17−3=

(7)　6+13=

15 まとめの テスト❸

目ひょう時間 20分

✎学しゅうした日　　　月　　　日

名前

とく点　　　／100点

❶ 計算を しましょう。

1つ3点【48点】

(1) $17+2=$

(2) $16-5=$

(3) $15-5=$

(4) $12+6=$

(5) $18-6=$

(6) $14-3=$

(7) $4+15=$

(8) $6+12=$

(9) $18-4=$

(10) $15-2=$

(11) $12+4=$

(12) $19-3=$

(13) $3+13=$

(14) $5+11=$

(15) $5+10=$

(16) $19-7=$

❷ 計算を しましょう。

1つ4点【24点】

(1) $12-1=$

(2) $15+4=$

(3) $18-5=$

(4) $14-4=$

(5) $10+2=$

(6) $16-2=$

❸ 計算を しましょう。

1つ4点【28点】

(1) $17+2=$

(2) $10+4=$

(3) $16-3=$

(4) $17-7=$

(5) $4+13=$

(6) $17-3=$

(7) $6+13=$

16 3つの 数の たし算

学しゅうした日　　　月　　　日　｜　とく点

名前

／100点

解説→166ページ

れい　たし算を します。

$$3+2+4=5+4$$

前から じゅんに
計算します。

$$=9$$

3つの数のたし算も、これまでのたし算と
同じように、前から じゅんに 計算します。

---

1 計算を しましょう。

1つ4点【52点】

(1) 1+2+1=

(2) 3+3+2=

(3) 3+2+3=

(4) 4+1+1=

(5) 1+2+6=

(6) 6+2+2=

(7) 3+2+2=

(8) 4+1+4=

(9) 1+2+4=

(10) 2+4+2=

---

(11) 2+6+0=

(12) 4+1+3=

(13) 2+3+2=

2 計算を しましょう。

1つ4点【48点】

(1) 2+8+2=

(2) 3+7+6=

(3) 1+9+1=

(4) 4+6+7=

(5) 5+5+6=

(6) 6+4+1=

(7) 10+0+2=

(8) 7+3+9=

(9) 8+2+3=

(10) 9+1+5=

(11) 0+10+8=

(12) 7+3+3=

16 3つの 数の たし算

目ひょう時間
20分

学しゅうした日　　　月　　　日

名前

とく点

／100点

16
解説→166ページ

れい たし算を します。

$$3+2+4=5+4$$

前から じゅんに 計算します。

$$=9$$

3つの数のたし算も、これまでのたし算と
同じように、前から じゅんに 計算します。

❶ 計算を しましょう。　　1つ4点【52点】

(1) $1+2+1=$　　(2) $3+3+2=$

(3) $3+2+3=$　　(4) $4+1+1=$

(5) $1+2+6=$　　(6) $6+2+2=$

(7) $3+2+2=$　　(8) $4+1+4=$

(9) $1+2+4=$　　(10) $2+4+2=$

(11) $2+6+0=$　　(12) $4+1+3=$

(13) $2+3+2=$

❷ 計算を しましょう。　　1つ4点【48点】

(1) $2+8+2=$　　(2) $3+7+6=$

(3) $1+9+1=$　　(4) $4+6+7=$

(5) $5+5+6=$　　(6) $6+4+1=$

(7) $10+0+2=$　　(8) $7+3+9=$

(9) $8+2+3=$　　(10) $9+1+5=$

(11) $0+10+8=$　　(12) $7+3+3=$

17 **3つの 数の ひき算**

目ひょう時間 ⏱ **20**分

✎ 学しゅうした日　　　月　　　日

名前

とく点

／100点

17
解説→166ページ

らくらく
マルつけ

れい **ひき算を します。**

$$10-2-4=8-4$$
$$=4$$

前から じゅんに 計算します。

3つの 数の ひき算も、これまでの ひき算と 同じように、前から じゅんに 計算します。

① ひき算を しましょう。　1つ4点【48点】

(1) $10-2-1=$　　(2) $5-3-1=$

(3) $7-4-1=$　　(4) $8-3-4=$

(5) $6-2-2=$　　(6) $9-2-5=$

(7) $8-2-6=$　　(8) $7-3-2=$

(9) $9-5-1=$　　(10) $6-1-1=$

(11) $8-2-3=$　　(12) $10-2-2=$

② ひき算を しましょう。　(1)～(8)1つ4点、(9)～(12)1つ5点【52点】

(1) $15-5-7=$　　(2) $13-3-0=$

(3) $11-1-2=$　　(4) $16-6-1=$

(5) $15-5-8=$　　(6) $17-7-5=$

(7) $16-6-4=$　　(8) $18-8-3=$

(9) $13-3-9=$　　(10) $12-2-6=$

(11) $14-4-3=$　　(12) $10-0-4=$

17 3つの 数の ひき算

目ひょう時間
⏱ 20分

らくらくマルつけ

れい ひき算を します。

$$10-2-4=8-4$$

前から じゅんに 計算します。

$$=4$$

3つの 数の ひき算も、これまでの ひき算と 同じように、前から じゅんに 計算します。

---

❶ ひき算を しましょう。　　1つ4点【48点】

(1) $10-2-1=$　　(2) $5-3-1=$

(3) $7-4-1=$　　(4) $8-3-4=$

(5) $6-2-2=$　　(6) $9-2-5=$

(7) $8-2-6=$　　(8) $7-3-2=$

(9) $9-5-1=$　　(10) $6-1-1=$

(11) $8-2-3=$　　(12) $10-2-2=$

❷ ひき算を しましょう。　　(1)～(8)1つ4点、(9)～(12)1つ5点【52点】

(1) $15-5-7=$　　(2) $13-3-0=$

(3) $11-1-2=$　　(4) $16-6-1=$

(5) $15-5-8=$　　(6) $17-7-5=$

(7) $16-6-4=$　　(8) $18-8-3=$

(9) $13-3-9=$　　(10) $12-2-6=$

(11) $14-4-3=$　　(12) $10-0-4=$

れい たし算と ひき算を します。

$6+2-3=8-3$
$\qquad =5$

$6+2=8$
$8-3=5$

たすのか ひくのかに ちゅういして、前か ら じゅんに 計算します。

---

❶ 計算を しましょう。　　　1つ4点【40点】

(1) $6+1-3=$ 　(2) $5-2+4=$

(3) $5-2+2=$ 　(4) $8+1-6=$

(5) $6-6+9=$ 　(6) $9-5+6=$

(7) $3+5-4=$ 　(8) $4-2+8=$

(9) $0+3-1=$ 　(10) $10-5+2=$

---

❷ 計算を しましょう。　　　1つ4点【60点】

(1) $6+4-3=$ 　(2) $15-5+4=$

(3) $13-3+2=$ 　(4) $5+5-6=$

(5) $16-6+3=$ 　(6) $19-9+6=$

(7) $15-5+0=$ 　(8) $18-8+8=$

(9) $7+3-5=$ 　(10) $12-2+8=$

(11) $3+7-6=$ 　(12) $17-7+4=$

(13) $14-4+5=$ 　(14) $5+5-7=$

(15) $17-7+3=$

18 3つの 数の たし算と ひき算①

学しゅうした日　　月　　日
名前
とく点　／100点
解説→166ページ

らくらく マルつけ

れい　たし算と ひき算を します。

$$6+2-3=8-3$$
$$=5$$

$6+2=8$

$8-3=5$

たすのか ひくのかに ちゅういして、前から じゅんに 計算します。

---

❶ 計算を しましょう。

1つ4点【40点】

(1) $6+1-3=$　　(2) $5-2+4=$

(3) $5-2+2=$　　(4) $8+1-6=$

(5) $6-6+9=$　　(6) $9-5+6=$

(7) $3+5-4=$　　(8) $4-2+8=$

(9) $0+3-1=$　　(10) $10-5+2=$

---

❷ 計算を しましょう。

1つ4点【60点】

(1) $6+4-3=$　　(2) $15-5+4=$

(3) $13-3+2=$　　(4) $5+5-6=$

(5) $16-6+3=$　　(6) $19-9+6=$

(7) $15-5+0=$　　(8) $18-8+8=$

(9) $7+3-5=$　　(10) $12-2+8=$

(11) $3+7-6=$　　(12) $17-7+4=$

(13) $14-4+5=$　　(14) $5+5-7=$

(15) $17-7+3=$

19 3つの 数の たし算と ひき算②

目ひょう時間 20分

学しゅうした日　　月　　日

名前

とく点 ／100点

 19 解説→167ページ

❶ 計算を しましょう。

1つ3点【18点】

(1) $4+1-3=$　　(2) $0+3+7=$

(3) $5-5+2=$　　(4) $8+0-6=$

(5) $10-9+6=$　　(6) $10-5+3=$

❷ 計算を しましょう。

1つ3点【18点】

(1) $4+5-2=$　　(2) $4-2+8=$

(3) $7-2+4=$　　(4) $10-5+5=$

(5) $3+4-5=$　　(6) $10-8-2=$

❸ 計算を しましょう。

1つ4点【64点】

(1) $6+4+3=$　　(2) $15-5-4=$

(3) $14-4-2=$　　(4) $2+8-6=$

(5) $3+7+2=$　　(6) $15-5+2=$

(7) $13-3+0=$　　(8) $12-2-8=$

(9) $7+3+5=$　　(10) $14-4+8=$

(11) $13-3-6=$　　(12) $16-6+4=$

(13) $4+6+5=$　　(14) $5+5-2=$

(15) $10-0+6=$　　(16) $8+2+3=$

19 3つの 数の たし算と ひき算②

目ひょう時間 ⏱ **20**分

学しゅうした日　　　月　　　日

名前

とく点　／100点

19
解説→167ページ

らくらく
マルつけ

❶ 計算を しましょう。

1つ3点【18点】

(1) $4+1-3=$

(2) $0+3+7=$

(3) $5-5+2=$

(4) $8+0-6=$

(5) $10-9+6=$

(6) $10-5+3=$

❷ 計算を しましょう。

1つ3点【18点】

(1) $4+5-2=$

(2) $4-2+8=$

(3) $7-2+4=$

(4) $10-5+5=$

(5) $3+4-5=$

(6) $10-8-2=$

❸ 計算を しましょう。

1つ4点【64点】

(1) $6+4+3=$

(2) $15-5-4=$

(3) $14-4-2=$

(4) $2+8-6=$

(5) $3+7+2=$

(6) $15-5+2=$

(7) $13-3+0=$

(8) $12-2-8=$

(9) $7+3+5=$

(10) $14-4+8=$

(11) $13-3-6=$

(12) $16-6+4=$

(13) $4+6+5=$

(14) $5+5-2=$

(15) $10-0+6=$

(16) $8+2+3=$

20 まとめの テスト❹

✐ 学しゅうした日　　　月　　　日　　とく点

名前

／100点

❶ 計算を しましょう。　　　1つ3点【48点】

(1) $3+4+1=$　　(2) $4+3+2=$

(3) $7-3-2=$　　(4) $10-3-4=$

(5) $6+2+1=$　　(6) $5-2-3=$

(7) $9-2-4=$　　(8) $5+2+1=$

(9) $7-1+3=$　　(10) $8+2-6=$

(11) $10-4+2=$　　(12) $8+0-3=$

(13) $7+3-7=$　　(14) $2-2+5=$

(15) $6-5+2=$　　(16) $5-2+4=$

❷ 計算を しましょう。　　　1つ4点【24点】

(1) $8+2+6=$　　(2) $17-7-3=$

(3) $6+4+3=$　　(4) $12-2-7=$

(5) $3+7+2=$　　(6) $17-7-8=$

❸ 計算を しましょう。　　　1つ4点【28点】

(1) $9+1-5=$　　(2) $13-3-4=$

(3) $4+6+8=$　　(4) $11-1+4=$

(5) $15-5-9=$　　(6) $12-2+6=$

(7) $5+5+7=$

20 まとめの テスト❹

目ひょう時間 20分

学しゅうした日　　月　　日

名前

とく点　　／100点

解説→167ページ

❶ 計算を しましょう。

1つ3点【48点】

(1) $3+4+1=$　　(2) $4+3+2=$

(3) $7-3-2=$　　(4) $10-3-4=$

(5) $6+2+1=$　　(6) $5-2-3=$

(7) $9-2-4=$　　(8) $5+2+1=$

(9) $7-1+3=$　　(10) $8+2-6=$

(11) $10-4+2=$　　(12) $8+0-3=$

(13) $7+3-7=$　　(14) $2-2+5=$

(15) $6-5+2=$　　(16) $5-2+4=$

❷ 計算を しましょう。

1つ4点【24点】

(1) $8+2+6=$　　(2) $17-7-3=$

(3) $6+4+3=$　　(4) $12-2-7=$

(5) $3+7+2=$　　(6) $17-7-8=$

❸ 計算を しましょう。

1つ4点【28点】

(1) $9+1-5=$　　(2) $13-3-4=$

(3) $4+6+8=$　　(4) $11-1+4=$

(5) $15-5-9=$　　(6) $12-2+6=$

(7) $5+5+7=$

21 パズル①

日ひょう時間 **20分**

学しゅうした日　　　月　　　日

名前

とく点

／100点

21
解説→167ページ

① れいのように、カードに かかれた 数を たしたり ひいたり しましょう。

（れい）　　　　　　　　　　　　　　　　　（1つ10点）

$3 \xrightarrow{+7} 10 \xrightarrow{+3} 13 \xrightarrow{+4} 17 \xrightarrow{-7} 10$

3+7=10　　10+3=13　　13+4=17　　17−7=10

(1) $1 \xrightarrow{+3} \square \xrightarrow{+6} \square \xrightarrow{+4} \square \xrightarrow{-3} \square$

(2) $7 \xrightarrow{-5} \square \xrightarrow{+8} \square \xrightarrow{+9} \square \xrightarrow{-6} \square$

(3) $4 \xrightarrow{+5} \square \xrightarrow{-6} \square \xrightarrow{+3} \square \xrightarrow{-6} \square$

(4) $8 \xrightarrow{+2} \square \xrightarrow{+6} \square \xrightarrow{+2} \square \xrightarrow{-7} \square$

(5) $3 \xrightarrow{+4} \square \xrightarrow{-6} \square \xrightarrow{-1} \square \xrightarrow{+5} \square$

(6) $10 \xrightarrow{+2} \square \xrightarrow{+7} \square \xrightarrow{-7} \square \xrightarrow{-0} \square$

(7) $6 \xrightarrow{+4} \square \xrightarrow{-5} \square \xrightarrow{+5} \square \xrightarrow{-8} \square$

(8) $12 \xrightarrow{+3} \square \xrightarrow{-3} \square \xrightarrow{+6} \square \xrightarrow{-4} \square$

(9) $17 \xrightarrow{-7} \square \xrightarrow{+4} \square \xrightarrow{-3} \square \xrightarrow{+6} \square$

(10) $3 \xrightarrow{+7} \square \xrightarrow{-4} \square \xrightarrow{+0} \square \xrightarrow{-6} \square$

21 パズル①

✏ 学しゅうした日　　　月　　　日　　とく点

名前

／100点

❶ れいのように、カードに　かかれた　数を
たしたり　ひいたり　しましょう。

（れい）

（1つ10点）

$$3 \xrightarrow{+7} 10 \xrightarrow{+3} 13 \xrightarrow{+4} 17 \xrightarrow{-7} 10$$

3+7=10　　10+3=13　　13+4=17　　17-7=10

(1) $1 \xrightarrow{+3} \square \xrightarrow{+6} \square \xrightarrow{+4} \square \xrightarrow{-3} \square$

(2) $7 \xrightarrow{-5} \square \xrightarrow{+8} \square \xrightarrow{+9} \square \xrightarrow{-6} \square$

(3) $4 \xrightarrow{+5} \square \xrightarrow{-6} \square \xrightarrow{+3} \square \xrightarrow{-6} \square$

(4) $8 \xrightarrow{+2} \square \xrightarrow{+6} \square \xrightarrow{+2} \square \xrightarrow{-7} \square$

(5) $3 \xrightarrow{+4} \square \xrightarrow{-6} \square \xrightarrow{-1} \square \xrightarrow{+5} \square$

(6) $10 \xrightarrow{+2} \square \xrightarrow{+7} \square \xrightarrow{-7} \square \xrightarrow{-0} \square$

(7) $6 \xrightarrow{+4} \square \xrightarrow{-5} \square \xrightarrow{+5} \square \xrightarrow{-8} \square$

(8) $12 \xrightarrow{+3} \square \xrightarrow{-3} \square \xrightarrow{+6} \square \xrightarrow{-4} \square$

(9) $17 \xrightarrow{-7} \square \xrightarrow{+4} \square \xrightarrow{-3} \square \xrightarrow{+6} \square$

(10) $3 \xrightarrow{+7} \square \xrightarrow{-4} \square \xrightarrow{+0} \square \xrightarrow{-6} \square$

れい　たし算を　します。

$$6 + 5 = 11$$

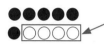　

6は　あと4を　たすと　10に　なるので、
5を　4と　1に　わけて　考えます。
6に　4を　たして、10。10と　1を　た
して　11に　なります。10の　まとまり
を　つくって　考えます。

❶ たし算を　しましょう。　1つ6点【36点】

(1)　8+4=

(2)　9+7=

(3)　7+5=

(4)　8+8=

(5)　9+5=

(6)　7+4=

❷ たし算を　しましょう。　1つ5点【40点】

(1)　6+6=

(2)　9+2=

(3)　8+5=

(4)　8+7=

(5)　9+3=

(6)　8+6=

(7)　7+6=

(8)　8+3=

❸ たし算を　しましょう。　1つ6点【24点】

(1)　9+4=

(2)　7+7=

(3)　9+3=

(4)　9+6=

22 くり上がりの ある たし算①

目ひょう時間 **20分**

解説→167ページ

学しゅうした日　　　月　　　日

名前

とく点　　／100点

れい たし算を します。

$$6 + 5 = 11$$

6は あと4を たすと 10に なるので、
5を 4と 1に わけて 考えます。
6に 4を たして、10。10と 1を た
して 11に なります。10の まとまり
を つくって 考えます。

---

❶ たし算を しましょう。　　　1つ6点【36点】

(1) 8+4＝　　　(2) 9+7＝

(3) 7+5＝　　　(4) 8+8＝

(5) 9+5＝　　　(6) 7+4＝

---

❷ たし算を しましょう。　　　1つ5点【40点】

(1) 6+6＝　　　(2) 9+2＝

(3) 8+5＝　　　(4) 8+7＝

(5) 9+3＝　　　(6) 8+6＝

(7) 7+6＝　　　(8) 8+3＝

---

❸ たし算を しましょう。　　　1つ6点【24点】

(1) 9+4＝　　　(2) 7+7＝

(3) 9+3＝　　　(4) 9+6＝

23 くり上がりの ある たし算②

✎ 学しゅうした日　　　月　　　日　　とく点

名前

／100点

23 解説→168ページ

れい たし算を します。

$$3 + 9 = 12$$

9は あと1を たすと 10に なるので、
3を 1と 2に わけて 考えます。9に
1を たして、10。10と 2を たして
12に なります。

---

1 たし算を しましょう。　　1つ6点【36点】

(1) $6+8=$ 　　(2) $5+7=$

(3) $8+9=$ 　　(4) $5+9=$

(5) $4+7=$ 　　(6) $2+9=$

---

2 たし算を しましょう。　　1つ5点【40点】

(1) $4+8=$ 　　(2) $7+9=$

(3) $5+6=$ 　　(4) $6+9=$

(5) $3+8=$ 　　(6) $5+8=$

(7) $6+8=$ 　　(8) $3+9=$

---

3 たし算を しましょう。　　1つ6点【24点】

(1) $4+7=$ 　　(2) $7+8=$

(3) $4+9=$ 　　(4) $6+7=$

23 くり上がりの ある たし算②

目ひょう時間 20分

学しゅうした日　　月　　日

名前

とく点　／100点

解説→168ページ

らくらく マルつけ

23

れい たし算を します。

$$3 + 9 = 12$$

9は あと1を たすと 10に なるので、
3を 1と 2に わけて 考えます。9に
1を たして、10。10と 2を たして
12に なります。

---

❶ たし算を しましょう。

1つ6点【36点】

(1) $6+8=$　　(2) $5+7=$

(3) $8+9=$　　(4) $5+9=$

(5) $4+7=$　　(6) $2+9=$

---

❷ たし算を しましょう。

1つ5点【40点】

(1) $4+8=$　　(2) $7+9=$

(3) $5+6=$　　(4) $6+9=$

(5) $3+8=$　　(6) $5+8=$

(7) $6+8=$　　(8) $3+9=$

---

❸ たし算を しましょう。

1つ6点【24点】

(1) $4+7=$　　(2) $7+8=$

(3) $4+9=$　　(4) $6+7=$

目ひょう時間 **20**分

学しゅうした日　　月　　日　　とく点　　／100点

24　解説→168ページ

❶ たし算を しましょう。 　1つ3点【18点】

(1) $5+6=$ 　　(2) $9+9=$

(3) $8+4=$ 　　(4) $3+8=$

(5) $9+3=$ 　　(6) $4+7=$

❷ たし算を しましょう。 　1つ3点【18点】

(1) $8+5=$ 　　(2) $7+9=$

(3) $7+4=$ 　　(4) $9+6=$

(5) $4+9=$ 　　(6) $8+3=$

❸ たし算を しましょう。 　1つ4点【64点】

(1) $6+8=$ 　　(2) $7+5=$

(3) $7+8=$ 　　(4) $2+9=$

(5) $9+5=$ 　　(6) $3+9=$

(7) $7+7=$ 　　(8) $6+6=$

(9) $8+7=$ 　　(10) $6+5=$

(11) $5+8=$ 　　(12) $9+7=$

(13) $8+8=$ 　　(14) $5+7=$

(15) $6+7=$ 　　(16) $9+8=$

24 くり上がりの ある たし算③

目ひょう時間 ⏱ 20分

解説→168ページ

✎ 学しゅうした日　　　月　　　日　　とく点

名前

／100点

らくらくマルつけ

24

❶ たし算を しましょう。　　　　1つ3点【18点】

(1) $5+6=$　　　　(2) $9+9=$

(3) $8+4=$　　　　(4) $3+8=$

(5) $9+3=$　　　　(6) $4+7=$

❷ たし算を しましょう。　　　　1つ3点【18点】

(1) $8+5=$　　　　(2) $7+9=$

(3) $7+4=$　　　　(4) $9+6=$

(5) $4+9=$　　　　(6) $8+3=$

❸ たし算を しましょう。　　　　1つ4点【64点】

(1) $6+8=$　　　　(2) $7+5=$

(3) $7+8=$　　　　(4) $2+9=$

(5) $9+5=$　　　　(6) $3+9=$

(7) $7+7=$　　　　(8) $6+6=$

(9) $8+7=$　　　　(10) $6+5=$

(11) $5+8=$　　　　(12) $9+7=$

(13) $8+8=$　　　　(14) $5+7=$

(15) $6+7=$　　　　(16) $9+8=$

25 くり下がりの ある ひき算①

目ひょう時間 **20**分

名前

れい ひき算を します。

$$12 - 7 = 5$$

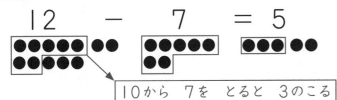

10から 7を とると 3のこる

12は 10と 2に わけて 考えます。
10から 7を ひくと、3。3と 2を た
して 5に なります。

---

❶ ひき算を しましょう。　　　　1つ5点【40点】

(1) $15-6=$　　　　(2) $14-9=$

(3) $14-5=$　　　　(4) $12-8=$

(5) $11-4=$　　　　(6) $14-7=$

(7) $13-5=$　　　　(8) $15-9=$

---

❷ ひき算を しましょう。　　　　1つ4点【60点】

(1) $13-8=$　　　　(2) $12-5=$

(3) $17-8=$　　　　(4) $11-9=$

(5) $11-6=$　　　　(6) $14-6=$

(7) $12-4=$　　　　(8) $16-9=$

(9) $13-4=$　　　　(10) $12-3=$

(11) $14-8=$　　　　(12) $15-7=$

(13) $11-7=$　　　　(14) $14-9=$

(15) $14-5=$

✏ 学しゅうした日	月	日	とく点
名前			/100点

らくらく
マルつけ
25
解説→168ページ

れい ひき算を します。

$$12 - 7 = 5$$

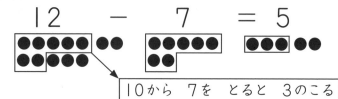

10から 7を とると 3のこる

12は 10と 2に わけて 考えます。
10から 7を ひくと、3。3と 2を たして 5に なります。

❶ ひき算を しましょう。　　1つ5点【40点】

(1) 15－6＝

(2) 14－9＝

(3) 14－5＝

(4) 12－8＝

(5) 11－4＝

(6) 14－7＝

(7) 13－5＝

(8) 15－9＝

❷ ひき算を しましょう。　　1つ4点【60点】

(1) 13－8＝

(2) 12－5＝

(3) 17－8＝

(4) 11－9＝

(5) 11－6＝

(6) 14－6＝

(7) 12－4＝

(8) 16－9＝

(9) 13－4＝

(10) 12－3＝

(11) 14－8＝

(12) 15－7＝

(13) 11－7＝

(14) 14－9＝

(15) 14－5＝

目ひょう時間 **20分**

学しゅうした日　　　月　　　日　　とく点

名前

／100点

26
解説→168ページ

れい ひき算を　します。

$$11 - 3 = 8$$

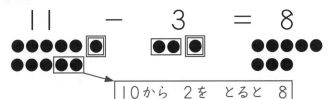

10から 2を　とると　8

3は　2と　1に　わけて　考えます。
11から　1を　ひくと、10。10から　2
を　ひくと　8に　なります。

---

❶ ひき算を　しましょう。

1つ5点【40点】

(1) $13-5=$　　　　(2) $11-9=$

(3) $11-5=$　　　　(4) $13-6=$

(5) $17-9=$　　　　(6) $12-7=$

(7) $11-6=$　　　　(8) $13-8=$

---

❷ ひき算を　しましょう。

1つ4点【60点】

(1) $11-8=$　　　　(2) $12-9=$

(3) $15-8=$　　　　(4) $11-3=$

(5) $11-7=$　　　　(6) $13-9=$

(7) $12-6=$　　　　(8) $18-9=$

(9) $14-7=$　　　　(10) $15-9=$

(11) $16-8=$　　　　(12) $13-7=$

(13) $15-6=$　　　　(14) $11-9=$

(15) $12-5=$

26 くり下がりの ある ひき算②

学しゅうした日　　月　　日　　とく点

名前

／100点

26
解説→168ページ

れい ひき算を します。

$$11 - 3 = 8$$

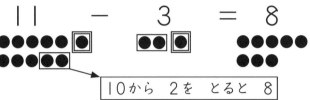

10から 2を とると 8

3は 2と 1に わけて 考えます。

11から 1を ひくと、10。10から 2
を ひくと 8に なります。

---

❶ ひき算を しましょう。　　1つ5点【40点】

(1) $13-5=$　　　(2) $11-9=$

(3) $11-5=$　　　(4) $13-6=$

(5) $17-9=$　　　(6) $12-7=$

(7) $11-6=$　　　(8) $13-8=$

---

❷ ひき算を しましょう。　　1つ4点【60点】

(1) $11-8=$　　　(2) $12-9=$

(3) $15-8=$　　　(4) $11-3=$

(5) $11-7=$　　　(6) $13-9=$

(7) $12-6=$　　　(8) $18-9=$

(9) $14-7=$　　　(10) $15-9=$

(11) $16-8=$　　　(12) $13-7=$

(13) $15-6=$　　　(14) $11-9=$

(15) $12-5=$

❶ 計算を しましょう。 1つ3点【18点】

(1) $12-7=$　　(2) $3+8=$

(3) $18-9=$　　(4) $13-7=$

(5) $7+7=$　　(6) $6+5=$

❷ 計算を しましょう。 1つ3点【18点】

(1) $17-8=$　　(2) $5+9=$

(3) $9+7=$　　(4) $16-8=$

(5) $8+7=$　　(6) $14-9=$

❸ 計算を しましょう。 1つ4点【64点】

(1) $13-6=$　　(2) $6+6=$

(3) $17-9=$　　(4) $13-5=$

(5) $4+7=$　　(6) $9+6=$

(7) $11-6=$　　(8) $8+4=$

(9) $13-4=$　　(10) $3+9=$

(11) $8+8=$　　(12) $11-7=$

(13) $11-5=$　　(14) $7+9=$

(15) $15-6=$　　(16) $5+7=$

27 くり上がり・くり下がりの 計算①

目ひょう時間 ⏱ 20分

らくらくマルつけ

学しゅうした日　　月　　日

とく点

名前

／100点

27
解説→169ページ

❶ 計算を しましょう。

1つ3点【18点】

(1)　$12-7=$

(2)　$3+8=$

(3)　$18-9=$

(4)　$13-7=$

(5)　$7+7=$

(6)　$6+5=$

❷ 計算を しましょう。

1つ3点【18点】

(1)　$17-8=$

(2)　$5+9=$

(3)　$9+7=$

(4)　$16-8=$

(5)　$8+7=$

(6)　$14-9=$

❸ 計算を しましょう。

1つ4点【64点】

(1)　$13-6=$

(2)　$6+6=$

(3)　$17-9=$

(4)　$13-5=$

(5)　$4+7=$

(6)　$9+6=$

(7)　$11-6=$

(8)　$8+4=$

(9)　$13-4=$

(10)　$3+9=$

(11)　$8+8=$

(12)　$11-7=$

(13)　$11-5=$

(14)　$7+9=$

(15)　$15-6=$

(16)　$5+7=$

28 くり上がり・くり下がりの計算②

学しゅうした日　　月　　日　　とく点

名前

／100点

28
解説→169ページ

❶ 計算を しましょう。　　　　1つ3点【18点】

(1) 15−6=

(2) 9+9=

(3) 14−7=

(4) 12−4=

(5) 5+9=

(6) 6+8=

❷ 計算を しましょう。　　　　1つ3点【18点】

(1) 13−9=

(2) 9+8=

(3) 7+9=

(4) 6+6=

(5) 18−9=

(6) 17−8=

❷ 計算を しましょう。　　　　1つ4点【64点】

(1) 11−5=

(2) 7+6=

(3) 16−9=

(4) 13−8=

(5) 5+7=

(6) 6+9=

(7) 14−6=

(8) 7+8=

(9) 14−9=

(10) 5+6=

(11) 9+3=

(12) 15−7=

(13) 13−7=

(14) 9+7=

(15) 11−8=

(16) 8+3=

28 くり上がり・くり下がりの 計算②

目ひょう時間 ⏱ **20**分

学しゅうした日 　月　　日

名前

とく点 ／**100**点

28 解説→169ページ

らくらく マルつけ

---

❶ **計算を　しましょう。**　　　1つ3点【18点】

(1)　15−6＝

(2)　9＋9＝

(3)　14−7＝

(4)　12−4＝

(5)　5＋9＝

(6)　6＋8＝

❷ **計算を　しましょう。**　　　1つ3点【18点】

(1)　13−9＝

(2)　9＋8＝

(3)　7＋9＝

(4)　6＋6＝

(5)　18−9＝

(6)　17−8＝

---

❷ **計算を　しましょう。**　　　1つ4点【64点】

(1)　11−5＝

(2)　7＋6＝

(3)　16−9＝

(4)　13−8＝

(5)　5＋7＝

(6)　6＋9＝

(7)　14−6＝

(8)　7＋8＝

(9)　14−9＝

(10)　5＋6＝

(11)　9＋3＝

(12)　15−7＝

(13)　13−7＝

(14)　9＋7＝

(15)　11−8＝

(16)　8＋3＝

❶ 計算を　しましょう。

1つ4点【32点】

(1) 6+6=

(2) 4+9=

(3) 5+8=

(4) 7+4=

(5) 7+7=

(6) 8+9=

(7) 6+7=

(8) 9+3=

❷ 計算を　しましょう。

1つ4点【20点】

(1) 13-8=

(2) 15-9=

(3) 17-8=

(4) 11-4=

(5) 12-7=

❸ 計算を　しましょう。

1つ3点【48点】

(1) 12-4=

(2) 6+8=

(3) 15-9=

(4) 16-8=

(5) 3+8=

(6) 9+6=

(7) 13-7=

(8) 8+4=

(9) 11-7=

(10) 6+5=

(11) 8+7=

(12) 15-9=

(13) 14-9=

(14) 16-9=

(15) 9+5=

(16) 15-7=

29 まとめの テスト❺

目ひょう時間 ⏱ 20分

✎ 学しゅうした日　　月　　日　　とく点

名前

／100点

らくらく マルつけ

29 解説→169ページ

❶ 計算を しましょう。

1つ4点【32点】

(1) $6+6=$ 　　(2) $4+9=$

(3) $5+8=$ 　　(4) $7+4=$

(5) $7+7=$ 　　(6) $8+9=$

(7) $6+7=$ 　　(8) $9+3=$

❷ 計算を しましょう。

1つ4点【20点】

(1) $13-8=$ 　　(2) $15-9=$

(3) $17-8=$ 　　(4) $11-4=$

(5) $12-7=$

❸ 計算を しましょう。

1つ3点【48点】

(1) $12-4=$ 　　(2) $6+8=$

(3) $15-9=$ 　　(4) $16-8=$

(5) $3+8=$ 　　(6) $9+6=$

(7) $13-7=$ 　　(8) $8+4=$

(9) $11-7=$ 　　(10) $6+5=$

(11) $8+7=$ 　　(12) $15-9=$

(13) $14-9=$ 　　(14) $16-9=$

(15) $9+5=$ 　　(16) $15-7=$

日ひょう時間
🕐 **20分**

🖉 学しゅうした日　　　月　　　日

名前

とく点

／100点

30
解説→169ページ

❶ れいの ように、カードの 中_{なか}から 2つ を えらんで、たして 10に なる くみ 合_あわせを つくりましょう。

1つ10点【50点】

（れい）

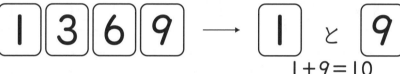

$\boxed{1}\ \boxed{3}\ \boxed{6}\ \boxed{9} \rightarrow \boxed{1}$ と $\boxed{9}$

1＋9＝10

(1) $\boxed{2}\ \boxed{4}\ \boxed{6}\ \boxed{9} \rightarrow \Box$ と $\Box$

(2) $\boxed{1}\ \boxed{3}\ \boxed{5}\ \boxed{7} \rightarrow \Box$ と $\Box$

(3) $\boxed{2}\ \boxed{5}\ \boxed{5}\ \boxed{9} \rightarrow \Box$ と $\Box$

(4) $\boxed{8}\ \boxed{7}\ \boxed{4}\ \boxed{2} \rightarrow \Box$ と $\Box$

(5) $\boxed{4}\ \boxed{1}\ \boxed{5}\ \boxed{9} \rightarrow \Box$ と $\Box$

❷ カードの 中から 2つを えらんで、た して 12になる くみ合わせを つくりま しょう。

1つ10点【30点】

(1) $\boxed{2}\ \boxed{6}\ \boxed{7}\ \boxed{10} \rightarrow \Box$ と $\Box$

(2) $\boxed{4}\ \boxed{6}\ \boxed{8}\ \boxed{10} \rightarrow \Box$ と $\Box$

(3) $\boxed{2}\ \boxed{5}\ \boxed{7}\ \boxed{9} \rightarrow \Box$ と $\Box$

❸ カードの 中から 2つを えらんで、た して 17になる くみ合わせを つくりま しょう。

1つ10点【20点】

(1) $\boxed{3}\ \boxed{5}\ \boxed{6}\ \boxed{11} \rightarrow \Box$ と $\Box$

(2) $\boxed{4}\ \boxed{8}\ \boxed{9}\ \boxed{14} \rightarrow \Box$ と $\Box$

30 パズル②

目ひょう時間
⏱
20分

学しゅうした日　　　月　　　日

名前

とく点

／100点

30
解説→169ページ

らくらく
マルつけ

❶ れいの ように、カードの 中から 2つ を えらんで、たして 10に なる くみ合わせを つくりましょう。

1つ10点【50点】

（れい）

1 3 6 9 → 1 と 9
1+9=10

(1) 2 4 6 9 → ☐ と ☐

(2) 1 3 5 7 → ☐ と ☐

(3) 2 5 5 9 → ☐ と ☐

(4) 8 7 4 2 → ☐ と ☐

(5) 4 1 5 9 → ☐ と ☐

❷ カードの 中から 2つを えらんで、たして 12になる くみ合わせを つくりましょう。

1つ10点【30点】

(1) 2 6 7 10 → ☐ と ☐

(2) 4 6 8 10 → ☐ と ☐

(3) 2 5 7 9 → ☐ と ☐

❸ カードの 中から 2つを えらんで、たして 17になる くみ合わせを つくりましょう。

1つ10点【20点】

(1) 3 5 6 11 → ☐ と ☐

(2) 4 8 9 14 → ☐ と ☐

目ひょう時間 🕐 **20**分

📝 学しゅうした日　　　月　　　日　　とく点

名前

／100点

31
解説→169ページ

れい  たし算を します。

$$20 + 30 = 50$$

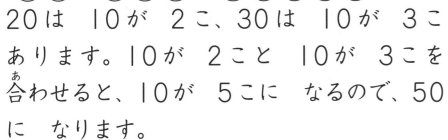

20は 10が 2こ、30は 10が 3こ あります。10が 2こと 10が 3こを 合わせると、10が 5こに なるので、50に なります。

① たし算を しましょう。

1つ5点【40点】

(1) 10+20=

(2) 30+20=

(3) 40+50=

(4) 40+60=

(5) 50+10=

(6) 30+40=

(7) 10+40=

(8) 40+40=

② たし算を しましょう。

1つ4点【60点】

(1) 50+50=

(2) 60+30=

(3) 10+60=

(4) 20+40=

(5) 20+60=

(6) 30+50=

(7) 30+30=

(8) 70+10=

(9) 80+20=

(10) 20+50=

(11) 60+20=

(12) 30+70=

(13) 10+70=

(14) 40+40=

(15) 90+10=

31 100までの たし算①

目ひょう時間 ⏱ **20**分

らくらく マルつけ

✎ 学しゅうした日　　　月　　　日

名前

とく点

╱100点

31 解説→169ページ

れい たし算を します。

$$20 + 30 = 50$$

⑩ ⑩　⑩ ⑩ ⑩　⑩ ⑩ ⑩ ⑩ ⑩

20は 10が 2こ、30は 10が 3こ あります。10が 2こと 10が 3こを 合わせると、10が 5こに なるので、50 に なります。

❶ たし算を しましょう。

1つ5点【40点】

(1) 10+20=

(2) 30+20=

(3) 40+50=

(4) 40+60=

(5) 50+10=

(6) 30+40=

(7) 10+40=

(8) 40+40=

❷ たし算を しましょう。

1つ4点【60点】

(1) 50+50=

(2) 60+30=

(3) 10+60=

(4) 20+40=

(5) 20+60=

(6) 30+50=

(7) 30+30=

(8) 70+10=

(9) 80+20=

(10) 20+50=

(11) 60+20=

(12) 30+70=

(13) 10+70=

(14) 40+40=

(15) 90+10=

目ひょう時間 ⏱ **20分**

学しゅうした日　　月　　日

名前

とく点 ／100点

32
解説→170ページ

らくらく
マルつけ

れい たし算を します。

20 ＋ 3 ＝ 23

20は 10が 2こ、3は 1が 3こ あります。20と 3を 合わせると、10が 2こと 1が 3こに なるので、23に なります。

❶ たし算を しましょう。 1つ5点【40点】

(1) 10＋6＝

(2) 7＋30＝

(3) 20＋5＝

(4) 4＋60＝

(5) 40＋3＝

(6) 20＋8＝

(7) 3＋30＝

(8) 70＋6＝

❷ たし算を しましょう。 1つ4点【60点】

(1) 30＋8＝

(2) 50＋5＝

(3) 7＋60＝

(4) 20＋4＝

(5) 40＋9＝

(6) 80＋5＝

(7) 9＋90＝

(8) 70＋1＝

(9) 30＋9＝

(10) 90＋7＝

(11) 40＋2＝

(12) 3＋80＝

(13) 20＋2＝

(14) 3＋70＝

(15) 9＋60＝

32 100までの たし算②

学しゅうした日	月	日	とく点
名前			／100点

らくらく
マルつけ

32
解説→170ページ

れい たし算を します。

$$20 + 3 = 23$$

20は 10が 2こ、3は 1が 3こ
あります。20と 3を 合わせると、10
が 2こと 1が 3こに なるので、23
に なります。

❶ たし算を しましょう。

1つ5点【40点】

(1) $10+6=$ (2) $7+30=$

(3) $20+5=$ (4) $4+60=$

(5) $40+3=$ (6) $20+8=$

(7) $3+30=$ (8) $70+6=$

❷ たし算を しましょう。

1つ4点【60点】

(1) $30+8=$ (2) $50+5=$

(3) $7+60=$ (4) $20+4=$

(5) $40+9=$ (6) $80+5=$

(7) $9+90=$ (8) $70+1=$

(9) $30+9=$ (10) $90+7=$

(11) $40+2=$ (12) $3+80=$

(13) $20+2=$ (14) $3+70=$

(15) $9+60=$

目ひょう時間
20分

学しゅうした日　　月　　日

名前

とく点
／100点

33
解説→170ページ

らくらく
マルつけ

 たし算を します。

42 ＋ 3 ＝ 45

42は 40と 2に わけて 考えます。
2と 3を 合わせると、5。40と 5を
たして 45に なります。

❶ たし算を しましょう。

1つ5点【40点】

(1) 34＋5＝

(2) 7＋21＝

(3) 12＋4＝

(4) 6＋62＝

(5) 43＋3＝

(6) 22＋3＝

(7) 3＋74＝

(8) 91＋1＝

❷ たし算を しましょう。

1つ4点【60点】

(1) 54＋1＝

(2) 46＋2＝

(3) 1＋62＝

(4) 25＋4＝

(5) 93＋5＝

(6) 42＋7＝

(7) 2＋63＝

(8) 77＋1＝

(9) 64＋2＝

(10) 36＋3＝

(11) 25＋2＝

(12) 3＋42＝

(13) 76＋3＝

(14) 5＋63＝

(15) 16＋2＝

33 **100までの　たし算③**

目ひょう時間
⏱
20分

✎ 学しゅうした日　　　月　　　日　　とく点

名前

／100点

33
解説→170ページ

らくらく
マルつけ

れい　たし算を　します。

$$42 \quad + \quad 3 \quad = \quad 45$$

42は　40と　2に　わけて　考えます。
2と　3を　合わせると、5。40と　5を
たして　45に　なります。

---

❶ **たし算を　しましょう。**

1つ5点【40点】

(1)　34＋5＝

(2)　7＋21＝

(3)　12＋4＝

(4)　6＋62＝

(5)　43＋3＝

(6)　22＋3＝

(7)　3＋74＝

(8)　91＋1＝

---

❷ **たし算を　しましょう。**

1つ4点【60点】

(1)　54＋1＝

(2)　46＋2＝

(3)　1＋62＝

(4)　25＋4＝

(5)　93＋5＝

(6)　42＋7＝

(7)　2＋63＝

(8)　77＋1＝

(9)　64＋2＝

(10)　36＋3＝

(11)　25＋2＝

(12)　3＋42＝

(13)　76＋3＝

(14)　5＋63＝

(15)　16＋2＝

目ひょう時間 ⏱ **20分**

✎学しゅうした日　　　月　　　日
名前

とく点

／100点

34 解説→170ページ

れい **ひき算を　します。**

$$30 - 20 = 10$$

30は　10が　3こ、20は　10が　2こ
あります。10が　3こから　10を　2こ
とると、10が　1こに　なるので、10に
なります。

1 **ひき算を　しましょう。**

1つ5点【40点】

(1) $60-10=$　　(2) $20-20=$

(3) $90-50=$　　(4) $100-40=$

(5) $70-30=$　　(6) $60-40=$

(7) $80-40=$　　(8) $90-40=$

2 **ひき算を　しましょう。**

1つ4点【60点】

(1) $80-20=$　　(2) $90-30=$

(3) $100-10=$　　(4) $80-10=$

(5) $40-30=$　　(6) $90-60=$

(7) $30-10=$　　(8) $50-20=$

(9) $100-30=$　　(10) $50-30=$

(11) $90-20=$　　(12) $80-50=$

(13) $60-30=$　　(14) $40-20=$

(15) $80-60=$

34 100までの ひき算①

目ひょう時間
⏱
20分

学しゅうした日　　　月　　　日

名前

とく点

／100点

解説→170ページ
34

らくらく
マルつけ

れい ひき算を します。

$$30 - 20 = 10$$

30は 10が 3こ、20は 10が 2こ
あります。10が 3こから 10を 2こ
とると、10が 1こに なるので、10に
なります。

---

❶ ひき算を しましょう。

1つ5点【40点】

(1) 60－10＝

(2) 20－20＝

(3) 90－50＝

(4) 100－40＝

(5) 70－30＝

(6) 60－40＝

(7) 80－40＝

(8) 90－40＝

---

❷ ひき算を しましょう。

1つ4点【60点】

(1) 80－20＝

(2) 90－30＝

(3) 100－10＝

(4) 80－10＝

(5) 40－30＝

(6) 90－60＝

(7) 30－10＝

(8) 50－20＝

(9) 100－30＝

(10) 50－30＝

(11) 90－20＝

(12) 80－50＝

(13) 60－30＝

(14) 40－20＝

(15) 80－60＝

目ひょう時間 ⏱ **20分**

学しゅうした日 　月　　　日　とく点

名前

／100点

35
解説→171ページ

 れい **ひき算を します。**

$$23 - 1 = 22$$

23は 20と 3に わけて 考えます。
3から 1を とると、2。20と 2を た
して 22に なります。

① ひき算を しましょう。

1つ5点【40点】

(1) $39-5=$　　　(2) $57-5=$

(3) $47-3=$　　　(4) $79-3=$

(5) $88-6=$　　　(6) $27-2=$

(7) $49-4=$　　　(8) $98-1=$

② ひき算を しましょう。

1つ4点【60点】

(1) $53-3=$　　　(2) $86-4=$

(3) $76-3=$　　　(4) $93-2=$

(5) $58-5=$　　　(6) $49-2=$

(7) $47-7=$　　　(8) $77-5=$

(9) $64-2=$　　　(10) $36-6=$

(11) $37-2=$　　　(12) $45-3=$

(13) $68-2=$　　　(14) $25-2=$

(15) $99-8=$

35 100までの ひき算②

✎ 学しゅうした日　　　月　　　日

名前

とく点

／100点

35
解説→171ページ

 ひき算を　します。

$$23 - 1 = 22$$

23は　20と　3に　わけて　考えます。
3から　1を　とると、2。20と　2を　た
して　22に　なります。

---

❶ ひき算を　しましょう。　　　1つ5点【40点】

(1) 39−5＝

(2) 57−5＝

(3) 47−3＝

(4) 79−3＝

(5) 88−6＝

(6) 27−2＝

(7) 49−4＝

(8) 98−1＝

---

❷ ひき算を　しましょう。　　　1つ4点【60点】

(1) 53−3＝

(2) 86−4＝

(3) 76−3＝

(4) 93−2＝

(5) 58−5＝

(6) 49−2＝

(7) 47−7＝

(8) 77−5＝

(9) 64−2＝

(10) 36−6＝

(11) 37−2＝

(12) 45−3＝

(13) 68−2＝

(14) 25−2＝

(15) 99−8＝

目ひょう時間 ⏱ **20分**

📝 学しゅうした日　　月　　日

とく点

名前

／100点

36
解説→171ページ

❶ 計算を しましょう。　　　　　　1つ2点【12点】

(1) 60＋30＝

(2) 40＋9＝

(3) 3＋80＝

(4) 72＋4＝

(5) 62＋7＝

(6) 18＋1＝

❷ 計算を しましょう。　　　　　　1つ5点【40点】

(1) 80－30＝

(2) 90－30＝

(3) 80－20＝

(4) 67－3＝

(5) 47－7＝

(6) 86－3＝

(7) 39－7＝

(8) 45－1＝

❸ 計算を しましょう。　　　　　　1つ3点【48点】

(1) 48－6＝

(2) 50＋20＝

(3) 73－2＝

(4) 67－2＝

(5) 60－40＝

(6) 27－7＝

(7) 62＋2＝

(8) 5＋84＝

(9) 39－4＝

(10) 4＋44＝

(11) 80－10＝

(12) 56＋2＝

(13) 87－3＝

(14) 7＋32＝

(15) 20＋40＝

(16) 5＋42＝

36 まとめの テスト❻

学しゅうした日　　月　　日

名前

とく点　　／100点

36
解説→171ページ

❶ 計算を　しましょう。

1つ2点【12点】

(1)　$60+30=$

(2)　$40+9=$

(3)　$3+80=$

(4)　$72+4=$

(5)　$62+7=$

(6)　$18+1=$

❷ 計算を　しましょう。

1つ5点【40点】

(1)　$80-30=$

(2)　$90-30=$

(3)　$80-20=$

(4)　$67-3=$

(5)　$47-7=$

(6)　$86-3=$

(7)　$39-7=$

(8)　$45-1=$

❸ 計算を　しましょう。

1つ3点【48点】

(1)　$48-6=$

(2)　$50+20=$

(3)　$73-2=$

(4)　$67-2=$

(5)　$60-40=$

(6)　$27-7=$

(7)　$62+2=$

(8)　$5+84=$

(9)　$39-4=$

(10)　$4+44=$

(11)　$80-10=$

(12)　$56+2=$

(13)　$87-3=$

(14)　$7+32=$

(15)　$20+40=$

(16)　$5+42=$

| れい | 34＋5を ひっ算で します。 |

① 一のくらいの 4と5を たします。

② 4＋5の 答えの 9を、ひっ算の 答えの 一のくらいに 書きます。

③ 十のくらいの 数の 3を、ひっ算の 答えの 十のくらいに 書きます。

1 つぎの 計算を ひっ算で しましょう。
1つ7点【63点】

(1) 43＋5　　**(2)** 31＋6　　**(3)** 27＋2

(4) 15＋1　　**(5)** 72＋3　　**(6)** 94＋2

(7) 11＋8　　**(8)** 64＋4　　**(9)** 97＋2

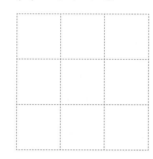 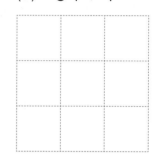 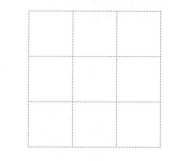

2 つぎの 計算を ひっ算で しましょう。
(1)〜(5)1つ6点、(6)7点【37点】

(1) 2＋45　　**(2)** 6＋81　　**(3)** 2＋53

(4) 5＋40　　**(5)** 1＋77　　**(6)** 2＋22

  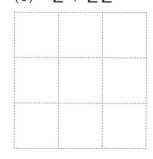

37 （2けた＋1けた）と（1けた＋2けた）の　ひっ算①

目ひょう時間 20分

学しゅうした日　　月　　日

名前

とく点 ／100点

らくらくマルつけ

37
解説→171ページ

れい　34＋5を　ひっ算で　します。

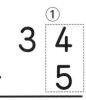

①　一のくらいの　4と5を　たします。

②　4＋5の　答えの　9を、ひっ算の
　　答えの　一のくらいに　書きます。

③　十のくらいの　数の　3を、ひっ算の
　　答えの　十のくらいに　書きます。

---

❶ つぎの　計算を　ひっ算で　しましょう。　1つ7点【63点】

(1)　43＋5

(2)　31＋6

(3)　27＋2

(4)　15＋1

(5)　72＋3

(6)　94＋2

---

(7)　11＋8

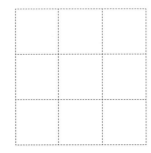

(8)　64＋4

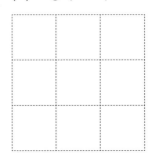

(9)　97＋2

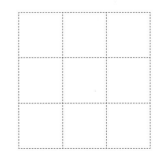

❷ つぎの　計算を　ひっ算で　しましょう。

(1)〜(5)1つ6点、(6)7点【37点】

(1)　2＋45

(2)　6＋81

(3)　2＋53

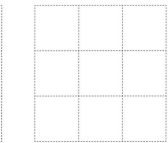

(4)　5＋40

(5)　1＋77

(6)　2＋22

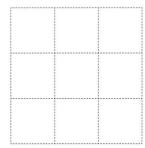

38 （2けた＋1けた）と（1けた＋2けた）の　ひっ算②

目ひょう時間 20分

学しゅうした日　　月　　日

名前

とく点　　／100点

38
解説→172ページ

らくらくマルつけ

れい　57＋6を　ひっ算で　します。

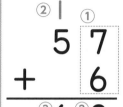

① 一のくらいの　7と6を　たします。

② 7＋6＝13の　一のくらいの　3だけ、ひっ算の　答えの　一のくらいに　書きます。13の　十のくらいの　1は、くり上がりの　数なので、5の上に　書きます。

③ くり上がりの　1と、5を　たした6を、ひっ算の　答えの　十のくらいに　書きます。

❶ つぎの　計算を　ひっ算で　しましょう。

(1)～(5)1つ8点、(6)10点【50点】

(1) 39＋5　　(2) 45＋6　　(3) 28＋2

(4) 17＋6　　(5) 52＋9　　(6) 74＋9

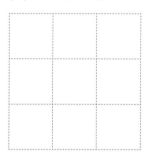

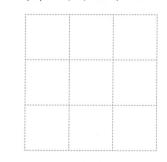

❷ つぎの　計算を　ひっ算で　しましょう。

(1)～(5)1つ8点、(6)10点【50点】

(1) 7＋25　　(2) 7＋47　　(3) 8＋34

(4) 9＋55　　(5) 8＋68　　(6) 6＋16

38 （2けた＋1けた）と （1けた＋2けた）の　ひっ算② 20分

| ✐ 学しゅうした日 | 月 | 日 | とく点 |

名前

／100点

38
解説→172ページ

れい ▶ 57＋6を　ひっ算で　します。

① 一のくらいの　7と6を　たします。

② 7＋6＝13の　一のくらいの　3だけ、ひっ算の　答えの　一のくらいに　書きます。13の　十のくらいの　1は、くり上がりの　数なので、5の上に　書きます。

③ くり上がりの　1と、5を　たした　6を、ひっ算の　答えの　十のくらいに　書きます。

---

❶ つぎの　計算を　ひっ算で　しましょう。

(1)〜(5)1つ8点、(6)10点【50点】

(1)　39＋5

(2)　45＋6

(3)　28＋2

(4)　17＋6

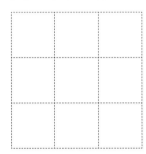

(5)　52＋9

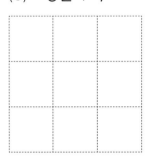

(6)　74＋9

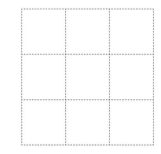

❷ つぎの　計算を　ひっ算で　しましょう。

(1)〜(5)1つ8点、(6)10点【50点】

(1)　7＋25

(2)　7＋47

(3)　8＋34

(4)　9＋55

(5)　8＋68

(6)　6＋16

学しゅうした日　　月　　日　　とく点

名前

／100点

39
解説→172ページ

れい 74－1を ひっ算で します。

① 一のくらいの ひき算を します。

② 4－1の 答えの 3を、ひっ算の 答えの 一のくらいに 書きます。

③ 十のくらいの 数の 7を、ひっ算の 答えの 十のくらいに 書きます。

```
   ①
 7 4
－  1
③7②3
```

1 つぎの 計算を ひっ算で しましょう。

(1)〜(10) 1つ6点、(11)〜(15) 1つ8点

(1) 37－3

(2) 68－6

(3) 89－9

(4) 35－2

(5) 62－1

(6) 76－5

(7) 54－3

(8) 48－4

(9) 77－4

(10) 55－3

(11) 77－1

(12) 58－2

(13) 49－4

(14) 75－1

(15) 68－3

39 （2けた－1けた）の ひっ算① 20分

れい 74−1を ひっ算で します。

$$\begin{array}{r} 7\ 4 \\ -\ \ 1 \\ \hline 7\ 3 \end{array}$$

① 一のくらいの ひき算を します。

② 4−1の 答えの 3を、ひっ算の 答えの 一のくらいに 書きます。

③ 十のくらいの 数の 7を、ひっ算の 答えの 十のくらいに 書きます。

❶ つぎの 計算を ひっ算で しましょう。

(1)〜(10) 1つ6点、(11)〜(15) 1つ8点

(1) 37−3

(2) 68−6

(3) 89−9

(4) 35−2

(5) 62−1

(6) 76−5

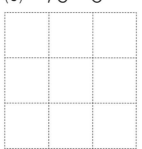

(7) 54−3

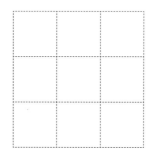

(8) 48−4

(9) 77−4

(10) 55−3

(11) 77−1

(12) 58−2

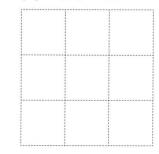

(13) 49−4

(14) 75−1

(15) 68−3

れい 46－9を ひっ算で します。

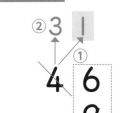

① 一のくらいの 6から 9は ひけないので、くり下げを します。

② 十のくらいの 4を 3と1に 分けて、一のくらいに くり下げます。

③ 一のくらいの 16－9を計算して、7を、ひっ算の 答えの 一のくらいに 書きます。

④ 十のくらいの のこりの 3を、答えの 十のくらいに 書きます。

❶ つぎの 計算を ひっ算で しましょう。

(1)～(10) 1つ8点、(11)(12) 1つ10点

(1) 41－5

(2) 25－6

(3) 23－8

(4) 32－6

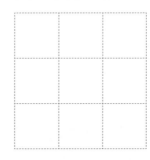

(5) 21－8

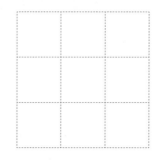

(6) 74－9

(7) 35－7

(8) 42－7

(9) 14－8

(10) 34－9

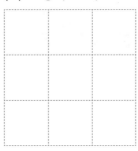

(11) 62－5

(12) 31－3

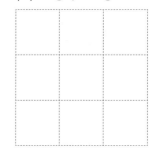

（2けた－1けた）の　ひっ算②

目ひょう時間 **20**分

学しゅうした日　　　月　　　日

名前

とく点　／100点

40
解説→172ページ

れい 46－9を　ひっ算で　します。

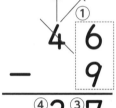

① 一のくらいの　6から　9は　ひけないので、くり下げを　します。

② 十のくらいの　4を　3と1に　分けて、一のくらいに　くり下げます。

③ 一のくらいの　16－9を計算して、7を、ひっ算の　答えの　一のくらいに　書きます。

④ 十のくらいの　のこりの　3を、答えの　十のくらいに　書きます。

---

❶ つぎの　計算を　ひっ算で　しましょう。

(1)〜(10) 1つ8点、(11)(12) 1つ10点

(1) 41－5

(2) 25－6

(3) 23－8

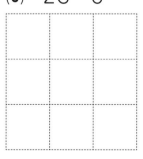

(4) 32－6

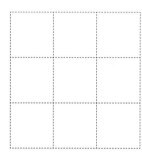

(5) 21－8

(6) 74－9

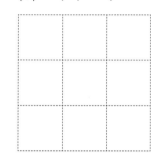

(7) 35－7

(8) 42－7

(9) 14－8

(10) 34－9

(11) 62－5

(12) 31－3

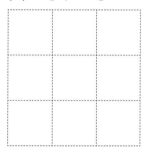

目ひょう時間
⏱ 20分

学しゅうした日　　月　　日

名前

とく点

／100点

41
解説→173ページ

❶ つぎの 計算を ひっ算で しましょう。

1つ5点【45点】

(1) 37＋2

(2) 7＋41

(3) 74＋4

(4) 6＋83

(5) 25＋3

(6) 5＋32

(7) 54＋2

(8) 4＋75

(9) 33＋6

❷ つぎの 計算を ひっ算で しましょう。

(1)～(8)1つ6点、(9)7点【55点】

(1) 63＋9

(2) 6＋58

(3) 34－7

(4) 15－8

(5) 42－6

(6) 61－7

(7) 7＋77

(8) 45＋9

(9) 20－3

41 まとめの テスト❼

目ひょう時間 ⏱ 20分

学しゅうした日　　月　　日

名前

とく点

／100点

41 解説→173ページ

❶ つぎの 計算を ひっ算で しましょう。

1つ5点【45点】

(1) 37+2

(2) 7+41

(3) 74+4

(4) 6+83

(5) 25+3

(6) 5+32

(7) 54+2

(8) 4+75

(9) 33+6

❷ つぎの 計算を ひっ算で しましょう。

(1)〜(8)1つ6点、(9)7点【55点】

(1) 63+9

(2) 6+58

(3) 34−7

(4) 15−8

(5) 42−6

(6) 61−7

(7) 7+77

(8) 45+9

(9) 20−3

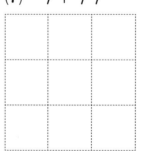

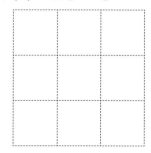

れい　71＋25を　ひっ算で　します。

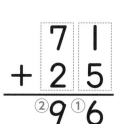

① 一のくらいの　1と　5を　たし、答えの　6を　ひっ算の　答えの　一のくらいに　書きます。

② 十のくらいも　同じように　計算し、答え9を　十のくらいに　書きます。

1 つぎの　計算を　ひっ算で　しましょう。

(1)〜(10) 1つ6点、(11)〜(15) 1つ8点

(1)　83＋15

(2)　21＋42

(3)　32＋66

(4)　24＋20

(5)　71＋26

(6)　54＋12

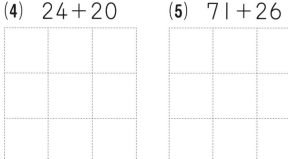

(7)　13＋23

(8)　64＋21

(9)　37＋52

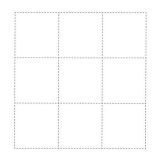

(10)　25＋33

(11)　41＋28

(12)　34＋23

(13)　43＋15

(14)　26＋41

(15)　32＋46

42 （2けた＋2けた）の　ひっ算①

目ひょう時間 **20分**

✐ 学しゅうした日	月	日	とく点
名前			／100点

れい　71＋25を　ひっ算で　します。

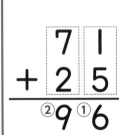

① 一のくらいの　1と　5を　たし、答えの　6を　ひっ算の　答えの　一のくらいに　書きます。

② 十のくらいも　同じように　計算し、答え9を　十のくらいに　書きます。

❶ つぎの　計算を　ひっ算で　しましょう。

(1)～(10) 1つ6点、(11)～(15) 1つ8点

(1)　83＋15

(2)　21＋42

(3)　32＋66

(4)　24＋20

(5)　71＋26

(6)　54＋12

(7)　13＋23

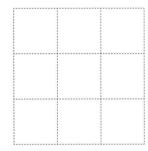

(8)　64＋21

(9)　37＋52

(10)　25＋33

(11)　41＋28

(12)　34＋23

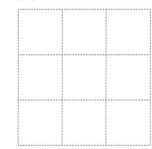

(13)　43＋15

(14)　26＋41

(15)　32＋46

れい **35＋27を　ひっ算で　します。**

②｜　①

②｜
```
  3 5
＋ 2 7
─────
  6 2
③   ②
```

① 一のくらいの　5と　7を　たします。

② 5＋7＝12の　一のくらいの　2だけ、ひっ算の　答えの　一のくらいに　書きます。12の　十のくらいの　1は、くり上がりの　数なので、3の上に　書きます。

③ くり上がりの　1と、十のくらいの　3と　2の　3つの　数を　たして、答えの　6を　ひっ算の　答えの　十のくらいに　書きます。

①　つぎの　計算を　ひっ算で　しましょう。

(1)～(10) 1つ8点、(11)(12) 1つ10点

(1) 28＋35

(2) 27＋18

(3) 19＋57

(4) 34＋48

(5) 11＋39

(6) 57＋24

(7) 66＋26

(8) 38＋23

(9) 47＋26

(10) 53＋37

(11) 39＋48

(12) 46＋25

43 （2けた＋2けた）の　ひっ算②

目ひょう時間 ⏱ **20分**

✏ 学しゅうした日　　月　　日　｜とく点

名前

／100点

らくらく
マルつけ

43
解説→173ページ

れい 35＋27を　ひっ算で　します。

②1 ①
　　3　5
＋　2　7
③6 ②2

① 一のくらいの　5と　7を　たします。

② 5＋7＝12の　一のくらいの　2だけ、ひっ算の　答えの　一のくらいに　書きます。12の　十のくらいの　1は、くり上がりの　数なので、3の上に　書きます。

③ くり上がりの　1と、十のくらいの　3と　2の　3つの　数を　たして、答えの　6を　ひっ算の　答えの　十のくらいに　書きます。

---

❶ つぎの　計算を　ひっ算で　しましょう。

(1)〜(10) 1つ8点、(11)(12) 1つ10点

(1) 28＋35

(2) 27＋18

(3) 19＋57

(4) 34＋48

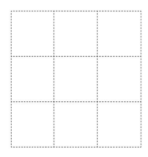

(5) 11＋39

(6) 57＋24

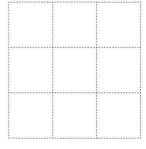

(7) 66＋26

(8) 38＋23

(9) 47＋26

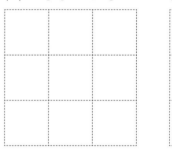

(10) 53＋37

(11) 39＋48

(12) 46＋25

❶ つぎの　計算を　ひっ算で　しましょう。 1つ5点【45点】

(1) 18＋64

(2) 39＋25

(3) 46＋37

(4) 16＋15

(5) 22＋28

(6) 56＋38

(7) 27＋49

(8) 18＋53

(9) 45＋27

❷ つぎの　計算を　ひっ算で　しましょう。

(1)～(8)1つ6点、(9)7点【55点】

(1) 38＋26

(2) 55＋25

(3) 37＋47

(4) 23＋18

(5) 75＋16

(6) 32＋29

(7) 67＋18

(8) 13＋48

(9) 45＋48

44 （2けた＋2けた）の　ひっ算③

目ひょう時間 **20分**

解説→174ページ

✎ 学しゅうした日	月	日	とく点
名前			／100点

らくらく マルつけ

44

---

❶ つぎの　計算を　ひっ算で　しましょう。

1つ5点【45点】

(1) 18＋64

(2) 39＋25

(3) 46＋37

(4) 16＋15

(5) 22＋28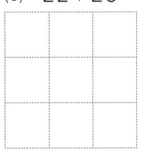

(6) 56＋38

(7) 27＋49

(8) 18＋53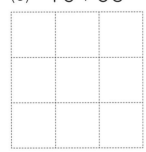

(9) 45＋27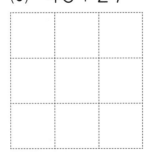

---

❷ つぎの　計算を　ひっ算で　しましょう。

(1)〜(8)1つ6点、(9)7点【55点】

(1) 38＋26

(2) 55＋25

(3) 37＋47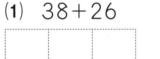

(4) 23＋18

(5) 75＋16

(6) 32＋29

(7) 67＋18

(8) 13＋48

(9) 45＋48

目ひょう時間 **20分**

学しゅうした日　　　月　　　日　　とく点

名前

／100点

らくらく
マルつけ

45
解説→174ページ

れい　30＋90を 計算します。

30＋90＝120
30は ⑩ が 3こ、90は ⑩ が9こで、
3＋9＝12なので、120となります。

---

❶ つぎの 計算を しましょう。

(1)～(20) 1つ3点、(21)～(30) 1つ4点

(1) 40＋80＝

(2) 70＋80＝

(3) 30＋80＝

(4) 50＋60＝

(5) 70＋30＝

(6) 60＋70＝

(7) 90＋80＝

(8) 60＋60＝

(9) 70＋90＝

(10) 50＋80＝

(11) 70＋70＝

(12) 30＋90＝

(13) 90＋90＝

(14) 50＋90＝

(15) 90＋10＝

(16) 70＋50＝

(17) 20＋80＝

(18) 80＋40＝

(19) 90＋60＝

(20) 80＋80＝

(21) 40＋70＝

(22) 70＋60＝

(23) 90＋20＝

(24) 60＋90＝

(25) 60＋50＝

(26) 30＋70＝

(27) 80＋60＝

(28) 90＋40＝

(29) 20＋90＝

(30) 80＋90＝

45 （何十 ＋ 何十）の 計算

目ひょう時間
20分

🖉 学しゅうした日　　　月　　　日

名前

とく点

／100点

45
解説→174ページ

れい 30＋90を 計算します。

30＋90＝120
30は ⑩ が 3こ、90は ⑩ が9こで、
3＋9＝12 なので、120 となります。

❶ つぎの 計算を しましょう。

(1)〜(20)1つ3点、(21)〜(30)1つ4点

(1)　40＋80＝

(2)　70＋80＝

(3)　30＋80＝

(4)　50＋60＝

(5)　70＋30＝

(6)　60＋70＝

(7)　90＋80＝

(8)　60＋60＝

(9)　70＋90＝

(10)　50＋80＝

(11)　70＋70＝

(12)　30＋90＝

(13)　90＋90＝

(14)　50＋90＝

(15)　90＋10＝

(16)　70＋50＝

(17)　20＋80＝

(18)　80＋40＝

(19)　90＋60＝

(20)　80＋80＝

(21)　40＋70＝

(22)　70＋60＝

(23)　90＋20＝

(24)　60＋90＝

(25)　60＋50＝

(26)　30＋70＝

(27)　80＋60＝

(28)　90＋40＝

(29)　20＋90＝

(30)　80＋90＝

46 （2けた＋2けた）の　ひっ算④

目ひょう時間 ⏱ **20分**

学しゅうした日　　　月　　　日

名前

とく点

／100点

46
解説→174ページ

れい　28＋97を　ひっ算で　します。

```
②1 ①
  2 8
＋ 9 7
 1 2 5
 ③ ②
```

① 一のくらいどうしを　たします。

② 計算した　15のうち、5は　ひっ算の　答えの　一のくらいに　書きます。くり上がりの　1は、2の上に　書きます。

③ 十のくらいの　3つの　数を　たすと、12なので、2を　ひっ算の　答えの　十のくらいに、1を　百のくらいに　書きます。

---

❶ つぎの　計算を　ひっ算で　しましょう。

(1)〜(10) 1つ8点、(11)(12) 1つ10点

(1)　36＋80

(2)　67＋70

(3)　51＋88

(4)　83＋39

(5)　69＋42

(6)　78＋66

(7)　58＋54

(8)　75＋96

(9)　57＋77

(10)　96＋27

(11)　67＋84

(12)　35＋95

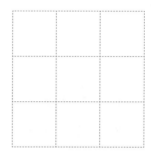
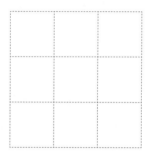
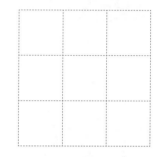

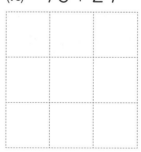

46 （2けた＋2けた）の ひっ算④

目ひょう時間 **20**分

📝 学しゅうした日 　　月　　　日 ｜ とく点

名前

／100点

46
解説→174ページ

らくらく
マルつけ

れい 28＋97を ひっ算で します。

```
 ②1  ①
  2  8
＋ 9  7
 ③ ②
1  2  5
```

① 一のくらいどうしを たします。

② 計算した 15のうち、5は ひっ算の 答えの 一のくらいに 書きます。くり上がりの 1は、2の上に 書きます。

③ 十のくらいの 3つの 数を たすと、12なので、2を ひっ算の 答えの 十のくらいに、1を 百のくらいに 書きます。

❶ つぎの 計算を ひっ算で しましょう。

(1)～(10)1つ8点、(11)(12)1つ10点

(1) 36＋80

(2) 67＋70

(3) 51＋88

(4) 83＋39

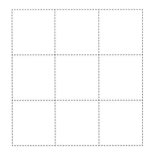

(5) 69＋42

(6) 78＋66

(7) 58＋54

(8) 75＋96

(9) 57＋77

(10) 96＋27

(11) 67＋84

(12) 35＋95

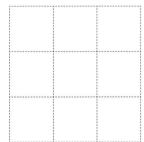

47 （2けた＋2けた）の　ひっ算⑤

目ひょう時間 **20分**

 学しゅうした日　　月　　日

名前

とく点

／100点

47
解説→175ページ

❶ つぎの　計算を　ひっ算で　しましょう。　1つ5点【45点】

(1)　94＋37

(2)　87＋45

(3)　43＋57

(4)　98＋43

(5)　64＋47

(6)　36＋66

(7)　57＋97

(8)　86＋99

(9)　64＋96

❷ つぎの　計算を　ひっ算で　しましょう。

(1)～(8) 1つ6点、(9)7点【55点】

(1)　37＋86

(2)　77＋26

(3)　48＋78

(4)　86＋65

(5)　67＋96

(6)　63＋67

(7)　35＋76

(8)　44＋88

(9)　93＋79

47 （2けた＋2けた）の　ひっ算⑤

ひょう時間 **20分**

✐ 学しゅうした日　　　月　　　日	とく点
名前	／100点

47
解説→175ページ

❶ つぎの　計算を　ひっ算で　しましょう。　　1つ5点【45点】

(1)　94＋37

(2)　87＋45

(3)　43＋57

(4)　98＋43

(5)　64＋47

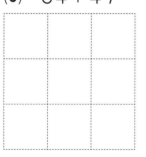

(6)　36＋66

(7)　57＋97

(8)　86＋99

(9)　64＋96

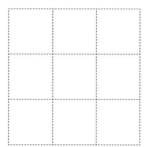

❷ つぎの　計算を　ひっ算で　しましょう。

(1)～(8)1つ6点、(9)7点【55点】

(1)　37＋86

(2)　77＋26

(3)　48＋78

(4)　86＋65

(5)　67＋96

(6)　63＋67

(7)　35＋76

(8)　44＋88

(9)　93＋79

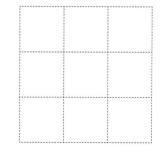

❶ つぎの 計算を ひっ算で しましょう。 1つ5点【45点】

(1) 55+24

(2) 63+26

(3) 12+47

(4) 61+29

(5) 28+36

(6) 82+64

(7) 67+9

(8) 50+50

(9) 40+70

❷ つぎの 計算を ひっ算で しましょう。

(1)〜(8)1つ6点、(9)1つ7点【55点】

(1) 49+82

(2) 56+46

(3) 69+74

(4) 87+35

(5) 57+66

(6) 78+89

(7) 79+33

(8) 36+68

(9) 64+76

48 まとめの テスト❽

目ひょう時間
⏱
20分

学しゅうした日　　　月　　　日

名前

とく点

／100点

らくらく
マルつけ

48
解説→175ページ

❶ つぎの 計算を ひっ算で しましょう。

1つ5点【45点】

(1) 55＋24

(2) 63＋26

(3) 12＋47

(4) 61＋29

(5) 28＋36

(6) 82＋64

(7) 67＋9

(8) 50＋50

(9) 40＋70

❷ つぎの 計算を ひっ算で しましょう。

(1)〜(8)1つ6点、(9)1つ7点【55点】

(1) 49＋82

(2) 56＋46

(3) 69＋74

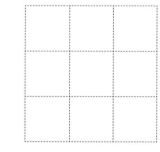

(4) 87＋35

(5) 57＋66

(6) 78＋89

(7) 79＋33

(8) 36＋68

(9) 64＋76

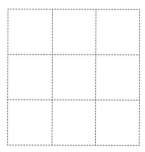

49 （2けた－1けた）と（2けた－2けた）の ひっ算

れい 48－13を ひっ算で します。

① 一のくらいの 8から 3を ひきます。

② 8－3の 答えの 5を、ひっ算の 答えの 一のくらいに 書きます。

③ 十のくらいも 同じように 計算し、答えの 3を 十のくらいに 書きます。

1 つぎの 計算を ひっ算で しましょう。　1つ6点【36点】

(1) 28－5　(2) 36－6　(3) 65－2

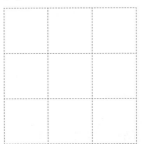  

(4) 18－4　(5) 64－3　(6) 97－2

2 つぎの 計算を ひっ算で しましょう。

(1)～(8)1つ7点、(9)1つ8点【64点】

(1) 57－24　(2) 64－44　(3) 49－38

  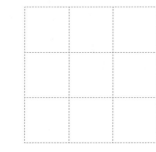

(4) 38－32　(5) 83－61　(6) 59－16

(7) 86－55　(8) 46－23　(9) 77－23

49 （2けた－1けた）と（2けた－2けた）の ひっ算

目ひょう時間 ⏱ **20**分

学しゅうした日　　月　　日

名前

とく点　／100点

49
解説→175ページ

れい 48－13を ひっ算で します。

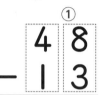

① 一のくらいの 8から 3を ひきます。

② 8－3の 答えの 5を、ひっ算の 答えの 一のくらいに 書きます。

③ 十のくらいも 同じように 計算し、答えの 3を 十のくらいに 書きます。

---

❶ つぎの 計算を ひっ算で しましょう。　1つ6点【36点】

(1) 28－5

(2) 36－6

(3) 65－2

(4) 18－4

(5) 64－3

(6) 97－2

---

❷ つぎの 計算を ひっ算で しましょう。

(1)～(8)1つ7点、(9)1つ8点【64点】

(1) 57－24

(2) 64－44

(3) 49－38

  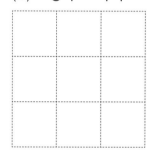

(4) 38－32

(5) 83－61

(6) 59－16

(7) 86－55

(8) 46－23

(9) 77－23

目ひょう時間
⏱ **20分**

学しゅうした日　　　月　　　日　　とく点

名前

／100点

50
解説→176ページ

らくらく
マルつけ

れい 48－19を　ひっ算で　します。

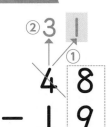

① 一のくらいの　8から　9は　ひけないので、くり下げを　します。

② 十のくらいの　4を　3と　1に　分けて、一のくらいに　くり下げます。

③ 一のくらいの　18－9を　計算して、9を、ひっ算の　答えの　一のくらいに　書きます。

④ 十のくらいに　のこった　3から　1をひいて、答えの　2を　十のくらいに書きます。

1 つぎの　計算を　ひっ算で　しましょう。

(1)〜(10) 1つ8点、(11)(12) 1つ10点

(1) 47－18

(2) 65－29

(3) 51－28
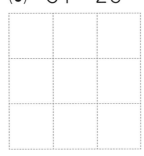

(4) 43－15

(5) 51－38

(6) 54－29
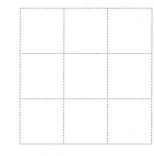

(7) 74－17

(8) 42－25

(9) 61－16

(10) 84－26

(11) 67－28

(12) 42－23

50 （2けた－2けた）の ひっ算①

目ひょう時間
20分

れい 48－19を ひっ算で します。

① 一のくらいの 8から 9は ひけないので、くり下げを します。

② 十のくらいの 4を 3と 1に 分けて、一のくらいに くり下げます。

③ 一のくらいの 18－9を 計算して、9を、ひっ算の 答えの 一のくらいに 書きます。

④ 十のくらいに のこった 3から 1をひいて、答えの 2を 十のくらいに書きます。

❶ つぎの 計算を ひっ算で しましょう。

(1)～(10) 1つ8点、(11)(12) 1つ10点

(1) 47－18

(2) 65－29

(3) 51－28

(4) 43－15

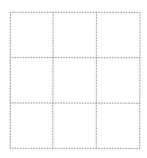

(5) 51－38

(6) 54－29

(7) 74－17

(8) 42－25

(9) 61－16

(10) 84－26

(11) 67－28

(12) 42－23

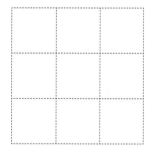

目ひょう時間 ⏱ **20分**

学しゅうした日　　月　　日

名前

とく点　／100点

51
解説→176ページ

れい 57−52を ひっ算で します。

```
    ①
  5 7
− 5 2
─────
    5
  ②
```

① 一のくらいを 計算して、5を 答えの 一のくらいに 書きます。

② 十のくらいは、5−5＝0となるので、答えには 書きません。

1 つぎの 計算を ひっ算で しましょう。

(1)〜(10) 1つ6点、(11)〜(15) 1つ8点

(1) 86−12

(2) 54−29

(3) 46−40

(4) 37−28

(5) 61−30

(6) 54−22

(7) 63−48

(8) 67−36

(9) 62−38

(10) 30−17

(11) 43−39

(12) 37−35

(13) 72−55

(14) 44−29

(15) 87−62

51 （2けた－2けた）の ひっ算②

目ひょう時間 **20**分

らくらくマルつけ

51
解説→176ページ

✐ 学しゅうした日	月	日	とく点
名前			／100点

れい 57－52を ひっ算で します。

```
   ①
  5 7
- 5 2
  ─────
   ② 5
```

① 一のくらいを 計算して、5を 答えの 一のくらいに 書きます。

② 十のくらいは、5－5＝0となるので、答えには 書きません。

---

❶ つぎの 計算を ひっ算で しましょう。

(1)～(10)1つ6点、(11)～(15)1つ8点

(1) 86－12

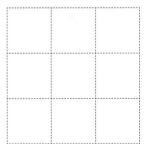

(2) 54－29

(3) 46－40

(4) 37－28

(5) 61－30

(6) 54－22

(7) 63－48

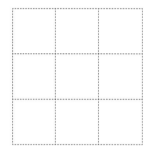

(8) 67－36

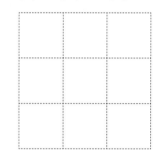

(9) 62－38

(10) 30－17

(11) 43－39

(12) 37－35

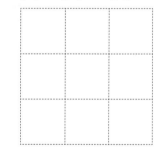

(13) 72－55

(14) 44－29

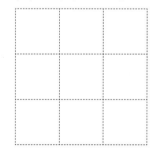

(15) 87－62

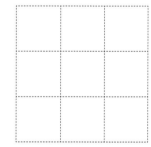

52 (百何十 − 何十)の 計算

目ひょう時間 20分

学しゅうした日　月　日
名前
とく点　／100点

らくらくマルつけ
52 解説→176ページ

れい 110−40を 計算します。

110−40=70

110は ⑩ が 11こ、40は ⑩ が4こで

11−4=7なので、答えは 70となります。

1 つぎの 計算を しましょう。　(1)〜(20) 1つ3点、(21)〜(30) 1つ4点

(1) 130−50=　　(2) 110−80=

(3) 140−90=　　(4) 100−40=

(5) 120−30=　　(6) 160−80=

(7) 110−50=　　(8) 130−70=

(9) 100−80=　　(10) 140−60=

(11) 150−60=　　(12) 120−90=

(13) 160−90=　　(14) 130−80=

(15) 110−70=　　(16) 170−90=

(17) 120−50=　　(18) 100−90=

(19) 150−80=　　(20) 140−50=

(21) 100−60=　　(22) 180−90=

(23) 150−70=　　(24) 120−80=

(25) 100−30=　　(26) 170−80=

(27) 120−60=　　(28) 100−10=

(29) 140−70=　　(30) 110−90=

52 （百何十 ― 何十）の 計算

目ひょう時間 ⏱ 20分

学しゅうした日　　月　　日

名前

とく点

／100点

52
解説→176ページ

れい 110−40を 計算します。

110−40＝70
110は ⑩ が 11こ、40は ⑩ が4こで
11−4＝7なので、答えは 70となります。

❶ つぎの 計算を しましょう。

(1)～(20)1つ3点、(21)～(30)1つ4点

(1) 130−50＝

(2) 110−80＝

(3) 140−90＝

(4) 100−40＝

(5) 120−30＝

(6) 160−80＝

(7) 110−50＝

(8) 130−70＝

(9) 100−80＝

(10) 140−60＝

(11) 150−60＝

(12) 120−90＝

(13) 160−90＝

(14) 130−80＝

(15) 110−70＝

(16) 170−90＝

(17) 120−50＝

(18) 100−90＝

(19) 150−80＝

(20) 140−50＝

(21) 100−60＝

(22) 180−90＝

(23) 150−70＝

(24) 120−80＝

(25) 100−30＝

(26) 170−80＝

(27) 120−60＝

(28) 100−10＝

(29) 140−70＝

(30) 110−90＝

れい 125−61を ひっ算で します。

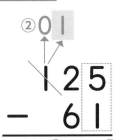

① 一のくらいを 計算します。

② 十のくらいは 百のくらいから 1 くり下げて、12−6を 計算します。 6を 答えの 十のくらいに 書きます。

1 つぎの 計算を ひっ算で しましょう。　　1つ6点【54点】

(1) 137−53

(2) 163−81

(3) 154−63
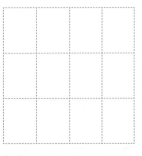

(4) 129−59

(5) 171−90

(6) 128−75
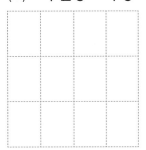

(7) 156−75
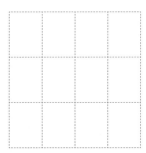

(8) 139−86

(9) 118−74
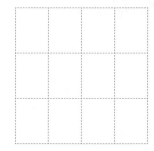

2 つぎの 計算を ひっ算で しましょう。

(1)〜(4)1つ7点、(5)(6)1つ9点【46点】

(1) 117−53

(2) 163−47

(3) 134−61

(4) 187−49

(5) 131−15

(6) 154−27
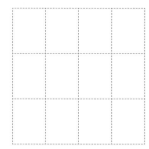

53 （3けた－2けた）の ひっ算①

目ひょう時間 **20分**

解説→177ページ

学しゅうした日　　月　　日　　とく点

名前

／100点

らくらく マルつけ

53

れい 125－61を ひっ算で します。

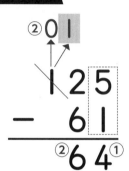

① 一のくらいを 計算します。

② 十のくらいは 百のくらいから 1 くり下げて、12－6を 計算します。6を 答えの 十のくらいに 書きます。

---

❶ つぎの 計算を ひっ算で しましょう。

1つ6点【54点】

(1) 137－53　　(2) 163－81　　(3) 154－63

  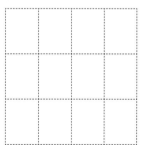

(4) 129－59　　(5) 171－90　　(6) 128－75

---

(7) 156－75　　(8) 139－86　　(9) 118－74

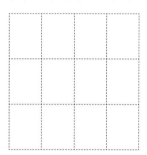 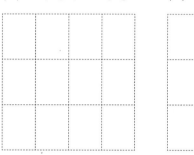 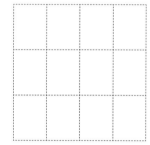

❷ つぎの 計算を ひっ算で しましょう。

(1)〜(4)1つ7点、(5)(6)1つ9点【46点】

(1) 117－53　　(2) 163－47　　(3) 134－61

  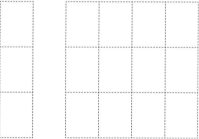

(4) 187－49　　(5) 131－15　　(6) 154－27

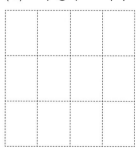 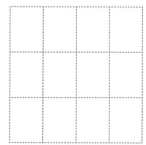 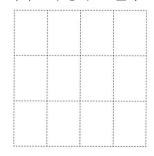

れい 104−36を ひっ算で します。

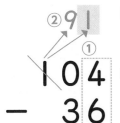

① 一のくらいは そのままでは ひけないので、くり下げを します。

② 十のくらいが 0なので、さらに百のくらいから くり下げます。

③ 十のくらいが 10になるので、一のくらいに 1くり下げてから、一のくらいの ひき算を します。

④ 十のくらいに のこった 9から、3をひきます。

❶ つぎの 計算を ひっ算で しましょう。

(1)〜(10) 1つ8点、(11)(12) 1つ10点

(1) 105−58

(2) 102−83

(3) 104−36

(4) 102−85

(5) 106−48

(6) 108−99

(7) 841−52

(8) 530−63

(9) 245−87

(10) 362−39

(11) 514−66

(12) 377−89

54 **(3けた−2けた)の ひっ算②**

| ✎学しゅうした日 | 月 | 日 | とく点 |
| 名前 | | | /100点 |

54
解説→177ページ

れい ▶ 104−36を ひっ算で します。

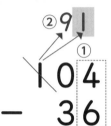

① 一のくらいは そのままでは ひけないので、くり下げを します。

② 十のくらいが 0なので、さらに百のくらいから くり下げます。

③ 十のくらいが 10になるので、一のくらいに 1くり下げてから、一のくらいの ひき算を します。

④ 十のくらいに のこった 9から、3をひきます。

---

❶ つぎの 計算を ひっ算で しましょう。

(1)〜(10)1つ8点、(11)(12)1つ10点

(1) 105−58

(2) 102−83

(3) 104−36

(4) 102−85

(5) 106−48

(6) 108−99

(7) 841−52

(8) 530−63

(9) 245−87

(10) 362−39

(11) 514−66

(12) 377−89

目ひょう時間 **20分**

学しゅうした日　　月　　日

とく点

名前

／100点

55
解説→177ページ

> **れい** 300＋400を 計算します。
>
> 　300＋400＝700
> 300は 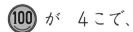 が 3こ、400は ⑩ が 4こで、
> 3＋4＝7なので、答えは 700と なります。

> **れい** 900−300を 計算します。
>
> 　900−300＝600
> 900は ⑩ が 9こ、300は ⑩ が 3こで、
> 9−3＝6なので、答えは 600と なります。

---

❶ つぎの 計算を しましょう。　　　1つ4点【48点】

(1) 100＋500＝

(2) 600＋300＝

(3) 400＋300＝

(4) 200＋600＝

(5) 400＋500＝

(6) 100＋400＝

(7) 800＋200＝

(8) 300＋700＝

(9) 200＋300＝

(10) 600＋300＝

(11) 400＋400＝

(12) 500＋500＝

❷ つぎの 計算を しましょう。

(1)〜(8)1つ4点、(9)〜(12)1つ5点【52点】

(1) 800−500＝

(2) 600−100＝

(3) 1000−800＝

(4) 1000−300＝

(5) 1000−400＝

(6) 1000−900＝

(7) 900−700＝

(8) 300−200＝

(9) 700−400＝

(10) 600−300＝

(11) 500−200＝

(12) 1000−100＝

55 （何百 ＋ 何百）と （何百 － 何百）の 計算

目ひょう時間 ⏱ 20分

✐ 学しゅうした日　　　月　　　日　　とく点

名前

／100点

解説→177ページ

れい 300＋400を 計算します。

300＋400＝700

300は が 3こ、400は 💯 が 4こで、

3＋4＝7なので、答えは 700と なります。

れい 900－300を 計算します。

900－300＝600

900は 💯 が 9こ、300は 💯 が 3こで、

9－3＝6なので、答えは 600と なります。

---

❶ つぎの 計算を しましょう。　　　　1つ4点【48点】

(1) 100＋500＝

(2) 600＋300＝

(3) 400＋300＝

(4) 200＋600＝

(5) 400＋500＝

(6) 100＋400＝

(7) 800＋200＝

(8) 300＋700＝

(9) 200＋300＝

(10) 600＋300＝

(11) 400＋400＝

(12) 500＋500＝

❷ つぎの 計算を しましょう。

(1)～(8)1つ4点、(9)～(12)1つ5点【52点】

(1) 800－500＝

(2) 600－100＝

(3) 1000－800＝

(4) 1000－300＝

(5) 1000－400＝

(6) 1000－900＝

(7) 900－700＝

(8) 300－200＝

(9) 700－400＝

(10) 600－300＝

(11) 500－200＝

(12) 1000－100＝

目ひょう時間 20分

学しゅうした日　　月　　日

名前

とく点

／100点

 らくらくマルつけ

56
解説→178ページ

❶ つぎの 計算を ひっ算で しましょう。

1つ4点【36点】

(1) 47−3

(2) 29−9

(3) 68−4

(4) 38−16

(5) 29−18

(6) 46−19

(7) 52−27

(8) 74−36

(9) 81−37

❷ つぎの 計算を ひっ算で しましょう。

1つ8点【48点】

(1) 125−44

(2) 183−92

(3) 127−18

(4) 104−37

(5) 101−52

(6) 261−38

❸ つぎの 計算を しましょう。

1つ4点【16点】

(1) 200+500=

(2) 400+600=

(3) 150−80=

(4) 700−300=

56 まとめの テスト❾

目ひょう時間 ⏱ 20分

学しゅうした日　　月　　日

名前

とく点　　／100点

56
解説→178ページ

❶ つぎの 計算を ひっ算で しましょう。

1つ4点【36点】

(1) 47−3

(2) 29−9

(3) 68−4

(4) 38−16

(5) 29−18

(6) 46−19

(7) 52−27

(8) 74−36

(9) 81−37

❷ つぎの 計算を ひっ算で しましょう。

1つ8点【48点】

(1) 125−44

(2) 183−92

(3) 127−18

(4) 104−37

(5) 101−52

(6) 261−38

❸ つぎの 計算を しましょう。

1つ4点【16点】

(1) 200+500=

(2) 400+600=

(3) 150−80=

(4) 700−300=

目ひょう時間 ⏱ 20分

学しゅうした日　　月　　日　名前　　とく点　／100点　57 解説→178ページ

❶ つぎの 数から たされる数と たす数を それぞれ1つずつ えらび、たすと 52になる 組み合わせを 1つ つくります。正しい 組み合わせとなる 数を、〇で かこみましょう。【全部できて25点】

（たされる数）

| 4 | 8 | 17 | 21 |

（たす数）

| 26 | 39 | 42 | 48 |

❷ つぎの 数から たされる数と たす数を それぞれ1つずつ えらび、たすと 100になる 組み合わせを 1つ つくります。正しい 組み合わせとなる 数を、〇で かこみましょう。【全部できて25点】

（たされる数）

| 3 | 12 | 16 | 25 |

（たす数）

| 42 | 54 | 63 | 84 |

❸ つぎの 数から ひかれる数と ひく数を それぞれ1つずつ えらび、ひくと 37になる 組み合わせを 1つ つくります。正しい 組み合わせとなる 数を、〇で かこみましょう。【全部できて25点】

（ひかれる数）

| 83 | 91 | 96 |

（ひく数）

| 28 | 35 | 46 |

❹ つぎの 数から ひかれる数と ひく数を それぞれ1つずつ えらび、ひくと 25になる 組み合わせを 1つ つくります。正しい 組み合わせとなる 数を、〇で かこみましょう。【全部できて25点】

（ひかれる数）

| 106 | 112 | 138 |

（ひく数）

| 53 | 71 | 87 |

57 パズル③

学しゅうした日　　　月　　　日

名前

とく点

／100点

❶ つぎの 数から たされる数と たす数を それぞれ1つずつ えらび、たすと 52になる 組み合わせを 1つ つくります。正しい 組み合わせとなる 数を、○で かこみましょう。【全部できて25点】

(たされる数)

| 4 | 8 | 17 | 21 |

(たす数)

| 26 | 39 | 42 | 48 |

❷ つぎの 数から たされる数と たす数を それぞれ1つずつ えらび、たすと 100になる 組み合わせを 1つ つくります。正しい 組み合わせとなる 数を、○で かこみましょう。【全部できて25点】

(たされる数)

| 3 | 12 | 16 | 25 |

(たす数)

| 42 | 54 | 63 | 84 |

❸ つぎの 数から ひかれる数と ひく数を それぞれ1つずつ えらび、ひくと 37になる 組み合わせを 1つ つくります。正しい 組み合わせとなる 数を、○で かこみましょう。【全部できて25点】

(ひかれる数)

| 83 | 91 | 96 |

(ひく数)

| 28 | 35 | 46 |

❹ つぎの 数から ひかれる数と ひく数を それぞれ1つずつ えらび、ひくと 25になる 組み合わせを 1つ つくります。正しい 組み合わせとなる 数を、○で かこみましょう。【全部できて25点】

(ひかれる数)

| 106 | 112 | 138 |

(ひく数)

| 53 | 71 | 87 |

れい 420＋174を ひっ算で します。

$$
\begin{array}{r}
4\ 2\ 0 \\
+\ 1\ 7\ 4 \\
\hline
5\ 9\ 4
\end{array}
$$

2けたと 2けたの たし算の ひっ算と 同じように、くらいを そろえて 一のくらいから じゅんに 計算を します。

1 つぎの 計算を ひっ算で しましょう。

(1)〜(8)1つ5点、(9)〜(18)1つ6点

(1)
$$
\begin{array}{r}
6\ 3\ 2 \\
+\ 1\ 6\ 4 \\
\hline
\end{array}
$$

(2)
$$
\begin{array}{r}
5\ 7\ 1 \\
+\ 2\ 2\ 8 \\
\hline
\end{array}
$$

(3)
$$
\begin{array}{r}
2\ 3\ 1 \\
+\ 3\ 3\ 5 \\
\hline
\end{array}
$$

(4)
$$
\begin{array}{r}
3\ 7\ 2 \\
+\ 6\ 2\ 1 \\
\hline
\end{array}
$$

(5)
$$
\begin{array}{r}
5\ 1\ 4 \\
+\ 1\ 2\ 0 \\
\hline
\end{array}
$$

(6)
$$
\begin{array}{r}
4\ 0\ 4 \\
+\ 2\ 6\ 3 \\
\hline
\end{array}
$$

(7)
$$
\begin{array}{r}
3\ 6\ 3 \\
+\ 5\ 2\ 4 \\
\hline
\end{array}
$$

(8)
$$
\begin{array}{r}
4\ 0\ 1 \\
+\ 1\ 4\ 7 \\
\hline
\end{array}
$$

(9)
$$
\begin{array}{r}
2\ 2\ 5 \\
+\ 4\ 7\ 3 \\
\hline
\end{array}
$$

(10)
$$
\begin{array}{r}
5\ 6\ 3 \\
+\ 3\ 2\ 1 \\
\hline
\end{array}
$$

(11)
$$
\begin{array}{r}
1\ 1\ 0 \\
+\ 1\ 6\ 0 \\
\hline
\end{array}
$$

(12)
$$
\begin{array}{r}
2\ 4\ 1 \\
+\ 2\ 3\ 1 \\
\hline
\end{array}
$$

(13)
$$
\begin{array}{r}
2\ 1\ 5 \\
+\ 3\ 2\ 4 \\
\hline
\end{array}
$$

(14)
$$
\begin{array}{r}
1\ 1\ 2 \\
+\ 5\ 2\ 6 \\
\hline
\end{array}
$$

(15)
$$
\begin{array}{r}
1\ 5\ 8 \\
+\ 3\ 3\ 1 \\
\hline
\end{array}
$$

(16)
$$
\begin{array}{r}
3\ 5\ 1 \\
+\ 2\ 2\ 6 \\
\hline
\end{array}
$$

(17)
$$
\begin{array}{r}
4\ 1\ 0 \\
+\ 5\ 4\ 7 \\
\hline
\end{array}
$$

(18)
$$
\begin{array}{r}
2\ 6\ 3 \\
+\ 6\ 0\ 5 \\
\hline
\end{array}
$$

58 （3けた＋3けた）の　ひっ算①

目ひょう時間 **20分**

解説→178ページ

学しゅうした日	月	日	とく点
名前			／100点

れい 420+174を　ひっ算で　します。

```
  4 2 0
+ 1 7 4
─────────
  5 9 4
```

2けたと 2けたの　たし算の
ひっ算と　同じように、くらいを
そろえて　一のくらいから　じゅん
に　計算を　します。

❶ つぎの　計算を　ひっ算で　しましょう。

(1)〜(8)1つ5点、(9)〜(18)1つ6点

(1)
```
  6 3 2
+ 1 6 4
```

(2)
```
  5 7 1
+ 2 2 8
```

(3)
```
  2 3 1
+ 3 3 5
```

(4)
```
  3 7 2
+ 6 2 1
```

(5)
```
  5 1 4
+ 1 2 0
```

(6)
```
  4 0 4
+ 2 6 3
```

(7)
```
  3 6 3
+ 5 2 4
```

(8)
```
  4 0 1
+ 1 4 7
```

(9)
```
  2 2 5
+ 4 7 3
```

(10)
```
  5 6 3
+ 3 2 1
```

(11)
```
  1 1 0
+ 1 6 0
```

(12)
```
  2 4 1
+ 2 3 1
```

(13)
```
  2 1 5
+ 3 2 4
```

(14)
```
  1 1 2
+ 5 2 6
```

(15)
```
  1 5 8
+ 3 3 1
```

(16)
```
  3 5 1
+ 2 2 6
```

(17)
```
  4 1 0
+ 5 4 7
```

(18)
```
  2 6 3
+ 6 0 5
```

目ひょう時間
⏱ 20分

🖉 学しゅうした日　　月　　日　　とく点

名前

／100点

59
解説→178ページ

れい　378＋168を　ひっ算で　します。

```
    ¹  ¹
    3 7 8
+   1 6 8
─────────
    5 4 6
```

くり上がりが　あるときは、ひっ算の　くり上がったくらいの　上に　1を　書いて、くり上がりを　わすれないように　します。

---

① つぎの　計算を　ひっ算で　しましょう。

(1)〜(8)1つ5点、(9)〜(18)1つ6点

(1)
```
    1 5 6
+   8 1 9
```

(2)
```
    2 6 4
+   2 7 5
```

(3)
```
    3 9 9
+   2 1 2
```

(4)
```
    2 8 4
+   1 4 6
```

(5)
```
    4 6 3
+   2 9 3
```

(6)
```
    1 6 8
+   3 0 4
```

(7)
```
    3 5 6
+   5 6 8
```

(8)
```
    1 9 5
+   7 4 3
```

(9)
```
    2 9 9
+   4 8 0
```

(10)
```
    8 3 9
+   1 1 3
```

(11)
```
    1 7 1
+   5 6 9
```

(12)
```
    6 8 4
+   1 5 2
```

(13)
```
    3 3 8
+   3 2 9
```

(14)
```
    4 6 2
+   3 4 6
```

(15)
```
    7 5 7
+   1 7 8
```

(16)
```
    2 5 3
+   3 4 7
```

(17)
```
    6 3 4
+   1 9 8
```

(18)
```
    5 8 6
+   3 2 9
```

59 （3けた＋3けた）の ひっ算②

目ひょう時間 **20分**

学しゅうした日　　月　　日　　とく点

名前

／100点

59
解説→178ページ

れい 378＋168を ひっ算で します。

```
  1 1
  3 7 8
+ 1 6 8
-------
  5 4 6
```

くり上がりが あるときは、ひっ算の くり上がったくらいの 上に 1を 書いて、くり上がりを わすれないように します。

❶ つぎの 計算を ひっ算で しましょう。

(1)〜(8)1つ5点、(9)〜(18)1つ6点

(1)
```
  1 5 6
+ 8 1 9
```

(2)
```
  2 6 4
+ 2 7 5
```

(3)
```
  3 9 9
+ 2 1 2
```

(4)
```
  2 8 4
+ 1 4 6
```

(5)
```
  4 6 3
+ 2 9 3
```

(6)
```
  1 6 8
+ 3 0 4
```

(7)
```
  3 5 6
+ 5 6 8
```

(8)
```
  1 9 5
+ 7 4 3
```

(9)
```
  2 9 9
+ 4 8 0
```

(10)
```
  8 3 9
+ 1 1 3
```

(11)
```
  1 7 1
+ 5 6 9
```

(12)
```
  6 8 4
+ 1 5 2
```

(13)
```
  3 3 8
+ 3 2 9
```

(14)
```
  4 6 2
+ 3 4 6
```

(15)
```
  7 5 7
+ 1 7 8
```

(16)
```
  2 5 3
+ 3 4 7
```

(17)
```
  6 3 4
+ 1 9 8
```

(18)
```
  5 8 6
+ 3 2 9
```

60 （3けた＋3けた）の　ひっ算③

目ひょう時間 ⏱ **20分**

学しゅうした日　　　月　　　日

名前

とく点

／100点

60
解説→179ページ

れい　547＋462を　ひっ算で　します。

```
  1 1
  5 4 7
+ 4 6 2
───────
1 0 0 9
```

百のくらいは　1＋5＋4＝10なので、百のくらいは　0、千のくらいは　1となります。

ここに1を書きます。

くり上がりが　あるときは、ひっ算の　中に　1を　書き入れて　計算を　します。

❶ つぎの　計算を　ひっ算で　しましょう。

(1)～(8) 1つ5点、(9)～(18) 1つ6点

(1)
```
  7 4 1
+ 2 9 3
```

(2)
```
  8 8 4
+ 3 2 5
```

(3)
```
  5 8 7
+ 7 0 9
```

(4)
```
  2 5 3
+ 8 3 5
```

(5)
```
  6 5 1
+ 4 7 7
```

(6)
```
  9 2 7
+ 1 5 8
```

(7)
```
  5 1 0
+ 8 3 7
```

(8)
```
  8 4 3
+ 4 2 6
```

(9)
```
  6 2 9
+ 5 4 6
```

(10)
```
  6 5 1
+ 5 3 3
```

(11)
```
  7 8 7
+ 7 0 8
```

(12)
```
  7 0 9
+ 6 5 2
```

(13)
```
  8 3 5
+ 7 1 5
```

(14)
```
  6 2 9
+ 9 1 0
```

(15)
```
  9 8 6
+ 5 6 1
```

(16)
```
  4 8 9
+ 5 3 7
```

(17)
```
  7 1 5
+ 4 5 6
```

(18)
```
  8 2 9
+ 8 7 3
```

60 （3けた＋3けた）の ひっ算③

目ひょう時間 **20**分

解説→179ページ

学しゅうした日	月	日	とく点
名前			／100点

れい 547＋462を ひっ算で します。

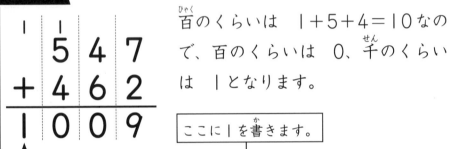

百のくらいは 1＋5＋4＝10なので、百のくらいは 0、千のくらいは 1となります。

ここに 1を 書きます。

くり上がりが あるときは、ひっ算の 中に 1を 書き入れて 計算を します。

❶ つぎの 計算を ひっ算で しましょう。

(1)～(8)1つ5点、(9)～(18)1つ6点

(1)
```
   7 4 1
 ＋ 2 9 3
```

(2)
```
   8 8 4
 ＋ 3 2 5
```

(3)
```
   5 8 7
 ＋ 7 0 9
```

(4)
```
   2 5 3
 ＋ 8 3 5
```

(5)
```
   6 5 1
 ＋ 4 7 7
```

(6)
```
   9 2 7
 ＋ 1 5 8
```

(7)
```
   5 1 0
 ＋ 8 3 7
```

(8)
```
   8 4 3
 ＋ 4 2 6
```

(9)
```
   6 2 9
 ＋ 5 4 6
```

(10)
```
   6 5 1
 ＋ 5 3 3
```

(11)
```
   7 8 7
 ＋ 7 0 8
```

(12)
```
   7 0 9
 ＋ 6 5 2
```

(13)
```
   8 3 5
 ＋ 7 1 5
```

(14)
```
   6 2 9
 ＋ 9 1 0
```

(15)
```
   9 8 6
 ＋ 5 6 1
```

(16)
```
   4 8 9
 ＋ 5 3 7
```

(17)
```
   7 1 5
 ＋ 4 5 6
```

(18)
```
   8 2 9
 ＋ 8 7 3
```

目ひょう時間 **20分**

学しゅうした日　　月　　日　　とく点　　／100点

61
解説→179ページ

名前

れい　3461＋2378を　ひっ算で　します。

```
  3 4 6 1
+ 2 3 7 8
─────────
  5 8 3 9
```

けた数が　ふえても、ひっ算のしかたは　かわりません。くらいを　そろえて　一のくらいから　じゅんに　計算します。くり上がりに　気をつけて　計算します。

① つぎの　計算を　ひっ算で　しましょう。　1つ8点【32点】

(1)
```
  6 2 9 1
+ 2 3 0 2
```

(2)
```
  8 7 6 9
+ 1 2 3 0
```

(3)
```
  3 3 5 4
+ 2 6 1 5
```

(4)
```
  1 1 5 4
+ 1 8 3 2
```

② つぎの　計算を　ひっ算で　しましょう。

(1)～(6)1つ8点、(7)(8)1つ10点【68点】

(1)
```
  1 0 6 6
+ 5 8 2 6
```

(2)
```
  8 1 5 1
+ 1 0 7 9
```

(3)
```
  3 1 4 6
+ 4 1 9 3
```

(4)
```
  5 5 0 8
+ 2 3 1 3
```

(5)
```
  6 2 5 9
+ 7 7 1 4
```

(6)
```
  2 2 7 8
+ 9 1 5 9
```

(7)
```
  3 8 6 4
+ 9 4 9 5
```

(8)
```
  4 2 9 4
+ 8 3 8 8
```

61 （4けた＋4けた）の ひっ算①

目ひょう時間 **20分**

学しゅうした日　　　月　　　日　　とく点

名前

／100点

れい 3461＋2378を ひっ算で します。

```
  1
  3 4 6 1
＋ 2 3 7 8
─────────
  5 8 3 9
```

けた数が ふえても、ひっ算のしかたは かわりません。くらいを そろえて 一のくらいから じゅんに 計算します。くり上がりに 気をつけて 計算します。

---

❶ つぎの 計算を ひっ算で しましょう。　　1つ8点【32点】

(1)
```
  6 2 9 1
＋ 2 3 0 2
```

(2)
```
  8 7 6 9
＋ 1 2 3 0
```

(3)
```
  3 3 5 4
＋ 2 6 1 5
```

(4)
```
  1 1 5 4
＋ 1 8 3 2
```

---

❷ つぎの 計算を ひっ算で しましょう。

(1)〜(6)1つ8点、(7)(8)1つ10点【68点】

(1)
```
  1 0 6 6
＋ 5 8 2 6
```

(2)
```
  8 1 5 1
＋ 1 0 7 9
```

(3)
```
  3 1 4 6
＋ 4 1 9 3
```

(4)
```
  5 5 0 8
＋ 2 3 1 3
```

(5)
```
  6 2 5 9
＋ 7 7 1 4
```

(6)
```
  2 2 7 8
＋ 9 1 5 9
```

(7)
```
  3 8 6 4
＋ 9 4 9 5
```

(8)
```
  4 2 9 4
＋ 8 3 8 8
```

① つぎの　計算を　ひっ算で　しましょう。

(1)～(6)1つ6点、(7)(8)1つ7点【50点】

(1)
```
  2 5 1 7
+ 3 2 7 2
```

(2)
```
  1 2 7 4
+ 4 4 2 1
```

(3)
```
  6 0 0 1
+ 2 7 1 8
```

(4)
```
  3 6 7 5
+ 4 3 1 2
```

(5)
```
  3 1 0 7
+ 1 4 5 1
```

(6)
```
  1 2 8 6
+ 7 4 0 2
```

(7)
```
  4 6 1 7
+ 2 2 6 0
```

(8)
```
  3 0 0 1
+ 6 3 0 6
```

② つぎの　計算を　ひっ算で　しましょう。

(1)～(6)1つ6点、(7)(8)1つ7点【50点】

(1)
```
  4 3 6 8
+ 3 8 8 9
```

(2)
```
  2 2 0 6
+ 2 6 3 7
```

(3)
```
  3 3 9 2
+ 4 7 5 6
```

(4)
```
  7 0 1 7
+ 4 0 8 8
```

(5)
```
  1 3 8 1
+ 4 3 2 1
```

(6)
```
  6 2 8 1
+ 3 4 3 0
```

(7)
```
  7 3 8 8
+ 3 8 0 9
```

(8)
```
  4 8 8 1
+ 7 8 7 2
```

62 （4けた＋4けた）の　ひっ算②

解説→179ページ

目ひょう時間 **20**分

学しゅうした日　　月　　日　　とく点　／100点

名前

❶ つぎの　計算を　ひっ算で　しましょう。

(1)〜(6) 1つ6点、(7)(8) 1つ7点【50点】

(1)
```
  2 5 1 7
+ 3 2 7 2
```

(2)
```
  1 2 7 4
+ 4 4 2 1
```

(3)
```
  6 0 0 1
+ 2 7 1 8
```

(4)
```
  3 6 7 5
+ 4 3 1 2
```

(5)
```
  3 1 0 7
+ 1 4 5 1
```

(6)
```
  1 2 8 6
+ 7 4 0 2
```

(7)
```
  4 6 1 7
+ 2 2 6 0
```

(8)
```
  3 0 0 1
+ 6 3 0 6
```

❷ つぎの　計算を　ひっ算で　しましょう。

(1)〜(6) 1つ6点、(7)(8) 1つ7点【50点】

(1)
```
  4 3 6 8
+ 3 8 8 9
```

(2)
```
  2 2 0 6
+ 2 6 3 7
```

(3)
```
  3 3 9 2
+ 4 7 5 6
```

(4)
```
  7 0 1 7
+ 4 0 8 8
```

(5)
```
  1 3 8 1
+ 4 3 2 1
```

(6)
```
  6 2 8 1
+ 3 4 3 0
```

(7)
```
  7 3 8 8
+ 3 8 0 9
```

(8)
```
  4 8 8 1
+ 7 8 7 2
```

63 まとめの　テスト❿

目ひょう時間
🕐
20分

✏学しゅうした日　　　月　　　　日

名前

とく点

／100点

らくらく
マルつけ

63
解説→180ページ

❶ つぎの　計算を　ひっ算で　しましょう。　1つ5点【60点】

(1)
```
    4 3
+ 2 4 2
```

(2)
```
    1 5
+ 6 3 1
```

(3)
```
    2 8
+ 7 2 0
```

(4)
```
  5 7 3
+   2 4
```

(5)
```
  7 2 8
+   5 5
```

(6)
```
  6 0 8
+   5 7
```

(7)
```
  1 2 5
+ 1 3 3
```

(8)
```
  4 4 2
+ 3 4 5
```

(9)
```
  4 1 2
+ 3 4 7
```

(10)
```
  9 4 1
+ 8 4 2
```

(11)
```
  5 8 3
+ 5 5 3
```

(12)
```
  9 7 6
+ 2 7 3
```

❷ つぎの　計算を　ひっ算で　しましょう。　1つ5点【40点】

(1)
```
  4 8 7 0
+ 4 1 0 7
```

(2)
```
  6 6 2 5
+ 2 2 4 3
```

(3)
```
  6 3 7 9
+ 3 8 9 5
```

(4)
```
  3 9 7 2
+ 6 1 2 9
```

(5)
```
  2 1 6 8
+ 3 8 5 1
```

(6)
```
  4 2 1 7
+ 1 9 3 7
```

(7)
```
  1 6 3 0
+ 7 5 9 3
```

(8)
```
  5 1 0 7
+ 3 9 6 5
```

63 まとめの テスト❿

目ひょう時間
⏱
20分

✏ 学しゅうした日　　　月　　　日

名前

とく点

／100点

63
解説→180ページ

❶ つぎの 計算を ひっ算で しましょう。　1つ5点【60点】

(1)
```
   43
+ 242
```

(2)
```
   15
+ 631
```

(3)
```
   28
+ 720
```

(4)
```
  573
+  24
```

(5)
```
  728
+  55
```

(6)
```
  608
+  57
```

(7)
```
  125
+ 133
```

(8)
```
  442
+ 345
```

(9)
```
  412
+ 347
```

(10)
```
  941
+ 842
```

(11)
```
  583
+ 553
```

(12)
```
  976
+ 273
```

❷ つぎの 計算を ひっ算で しましょう。　1つ5点【40点】

(1)
```
  4870
+ 4107
```

(2)
```
  6625
+ 2243
```

(3)
```
  6379
+ 3895
```

(4)
```
  3972
+ 6129
```

(5)
```
  2168
+ 3851
```

(6)
```
  4217
+ 1937
```

(7)
```
  1630
+ 7593
```

(8)
```
  5107
+ 3965
```

れい　495－332を　ひっ算で　します。

```
    4 9 5
 －  3 3 2
 ─────────
    1 6 3
```

2けたと　2けたの　ひき算の
ひっ算と　同じように、くらいを
そろえて　一のくらいから　じゅん
に　計算します。

---

❶ つぎの　計算を　ひっ算で　しましょう。

1つ4点【36点】

(1)
```
   3 7 0
 － 1 6 0
```

(2)
```
   5 7 2
 － 2 7 0
```

(3)
```
   8 9 3
 － 2 0 1
```

(4)
```
   7 5 7
 － 2 4 0
```

(5)
```
   4 8 4
 － 3 2 0
```

(6)
```
   9 0 4
 － 1 0 3
```

(7)
```
   6 4 1
 － 3 0 1
```

(8)
```
   7 6 3
 － 2 5 2
```

(9)
```
   8 2 9
 － 2 2 7
```

---

❷ つぎの　計算を　ひっ算で　しましょう。

(1)〜(10) 1つ5点、(11)(12) 1つ7点【64点】

(1)
```
   6 8 3
 － 2 2 1
```

(2)
```
   5 6 5
 － 1 4 5
```

(3)
```
   9 3 6
 － 4 1 3
```

(4)
```
   7 4 9
 － 6 4 2
```

(5)
```
   1 8 7
 － 1 6 2
```

(6)
```
   5 9 7
 － 2 4 1
```

(7)
```
   5 3 9
 － 2 2 4
```

(8)
```
   8 3 8
 － 3 2 6
```

(9)
```
   4 5 2
 － 4 3 1
```

(10)
```
   6 8 2
 － 3 7 0
```

(11)
```
   4 7 4
 － 1 2 2
```

(12)
```
   7 9 6
 － 5 3 2
```

64 （3けた－3けた）の　ひっ算①

目ひょう時間 20分

学しゅうした日　　月　　日　　とく点　　名前　　　　／100点

64
解説→180ページ

れい 495－332を　ひっ算で　します。

```
    4 9 5
  － 3 3 2
  ───────
    1 6 3
```

2けたと　2けたの　ひき算の
ひっ算と　同じように、くらいを
そろえて　一のくらいから　じゅん
に　計算します。

---

❶ つぎの　計算を　ひっ算で　しましょう。　1つ4点【36点】

(1)
```
    3 7 0
  － 1 6 0
```

(2)
```
    5 7 2
  － 2 7 0
```

(3)
```
    8 9 3
  － 2 0 1
```

(4)
```
    7 5 7
  － 2 4 0
```

(5)
```
    4 8 4
  － 3 2 0
```

(6)
```
    9 0 4
  － 1 0 3
```

(7)
```
    6 4 1
  － 3 0 1
```

(8)
```
    7 6 3
  － 2 5 2
```

(9)
```
    8 2 9
  － 2 2 7
```

---

❷ つぎの　計算を　ひっ算で　しましょう。

(1)～(10) 1つ5点、(11)(12) 1つ7点【64点】

(1)
```
    6 8 3
  － 2 2 1
```

(2)
```
    5 6 5
  － 1 4 5
```

(3)
```
    9 3 6
  － 4 1 3
```

(4)
```
    7 4 9
  － 6 4 2
```

(5)
```
    1 8 7
  － 1 6 2
```

(6)
```
    5 9 7
  － 2 4 1
```

(7)
```
    5 3 9
  － 2 2 4
```

(8)
```
    8 3 8
  － 3 2 6
```

(9)
```
    4 5 2
  － 4 3 1
```

(10)
```
    6 8 2
  － 3 7 0
```

(11)
```
    4 7 4
  － 1 2 2
```

(12)
```
    7 9 6
  － 5 3 2
```

目ひょう時間 20分

学しゅうした日　　月　　日　とく点

名前

／100点

65
解説→180ページ

れい　376－283を　ひっ算で　します。

```
   2 1
   3 7 6
 － 2 8 3
 ─────────
     9 3
```

一のくらいから　じゅんに　計算します。十のくらいは　そのままでは　ひけないので、百のくらいから　1　くり下げます。

---

❶ つぎの　計算を　ひっ算で　しましょう。　1つ4点【36点】

(1)
```
   5 8 0
 － 2 9 0
```

(2)
```
   7 8 3
 － 6 0 8
```

(3)
```
   8 4 7
 － 7 0 9
```

(4)
```
   6 6 6
 － 4 7 0
```

(5)
```
   5 9 3
 － 2 0 6
```

(6)
```
   7 5 9
 － 4 8 0
```

(7)
```
   2 5 3
 － 1 3 8
```

(8)
```
   7 9 2
 － 3 3 5
```

(9)
```
   6 2 5
 － 4 6 4
```

---

❷ つぎの　計算を　ひっ算で　しましょう。

(1)～(10) 1つ5点、(11)(12) 1つ7点【64点】

(1)
```
   9 0 7
 － 3 1 9
```

(2)
```
   4 5 4
 － 2 9 6
```

(3)
```
   6 1 2
 － 5 5 9
```

(4)
```
   4 7 3
 － 3 7 6
```

(5)
```
   7 7 2
 － 4 5 8
```

(6)
```
   5 7 3
 － 2 6 6
```

(7)
```
   8 5 5
 － 6 6 7
```

(8)
```
   8 6 3
 － 5 8 6
```

(9)
```
   2 0 2
 － 1 9 4
```

(10)
```
   3 4 5
 － 1 7 9
```

(11)
```
   5 7 2
 － 2 9 3
```

(12)
```
   9 0 2
 － 8 9 7
```

65 （3けた－3けた）の ひっ算②

目ひょう時間 **20分**

学しゅうした日　　　月　　　日

名前

とく点　／100点

65
解説→180ページ

れい　376－283を ひっ算で します。

$$\begin{array}{r} 3\overset{2}{}7\overset{1}{}6 \\ -\ 2\ 8\ 3 \\ \hline 9\ 3 \end{array}$$

一のくらいから じゅんに 計算します。十のくらいは そのままでは ひけないので、百のくらいから 1くり下げます。

---

❶ つぎの 計算を ひっ算で しましょう。　1つ4点【36点】

(1)
```
  580
- 290
```

(2)
```
  783
- 608
```

(3)
```
  847
- 709
```

(4)
```
  666
- 470
```

(5)
```
  593
- 206
```

(6)
```
  759
- 480
```

(7)
```
  253
- 138
```

(8)
```
  792
- 335
```

(9)
```
  625
- 464
```

---

❷ つぎの 計算を ひっ算で しましょう。

(1)～(10) 1つ5点、(11)(12) 1つ7点【64点】

(1)
```
  907
- 319
```

(2)
```
  454
- 296
```

(3)
```
  612
- 559
```

(4)
```
  473
- 376
```

(5)
```
  772
- 458
```

(6)
```
  573
- 266
```

(7)
```
  855
- 667
```

(8)
```
  863
- 586
```

(9)
```
  202
- 194
```

(10)
```
  345
- 179
```

(11)
```
  572
- 293
```

(12)
```
  902
- 897
```

れい 500－123を ひっ算で します。

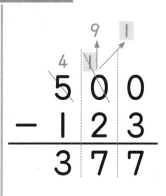

一のくらいは そのままでは ひけないので、十のくらいから くり下げを しますが、十のくらいも 0なので くり下げが できません。このような ときは、まず 百のくらいから 十のくらいへ 1くり下げます。つぎに、十のくらいから 一のくらいへ 1くり下げを して、計算を します。

❶ つぎの 計算を ひっ算で しましょう。

(1)～(4)1つ4点、(5)(6)1つ6点【28点】

(1)
　　356
－　127

(2)
　　834
－　253

(3)
　　847
－　753

(4)
　　786
－　696

(5)
　　210
－　206

(6)
　　741
－　139

❷ つぎの 計算を ひっ算で しましょう。

1つ6点【72点】

(1)
　　539
－　287

(2)
　　711
－　375

(3)
　　600
－　559

(4)
　　936
－　379

(5)
　　700
－　434

(6)
　　659
－　247

(7)
　　489
－　167

(8)
　　382
－　218

(9)
　　269
－　157

(10)
　　535
－　249

(11)
　　802
－　467

(12)
　　600
－　425

66 （3けた－3けた）の　ひっ算③

目ひょう時間
20分

れい　500－123を　ひっ算で　します。

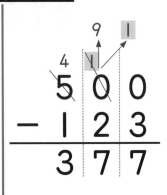

一のくらいは　そのままでは　ひけないので、十のくらいから　くり下げを　しますが、十のくらいも　0なので　くり下げが　できません。このような　ときは、まず　百のくらいから　十のくらいへ　1くり下げます。つぎに、十のくらいから　一のくらいへ　1くり下げを　して、計算を　します。

---

❶ つぎの　計算を　ひっ算で　しましょう。

(1)〜(4)1つ4点、(5)(6)1つ6点【28点】

(1)　　356
　　－127

(2)　　834
　　－253

(3)　　847
　　－753

(4)　　786
　　－696

(5)　　210
　　－206

(6)　　741
　　－139

---

❷ つぎの　計算を　ひっ算で　しましょう。

1つ6点【72点】

(1)　　539
　　－287

(2)　　711
　　－375

(3)　　600
　　－559

(4)　　936
　　－379

(5)　　700
　　－434

(6)　　659
　　－247

(7)　　489
　　－167

(8)　　382
　　－218

(9)　　269
　　－157

(10)　　535
　　－249

(11)　　802
　　－467

(12)　　600
　　－425

目ひょう時間 **20分**

学しゅうした日　　月　　日

名前

とく点　　／100点

67 解説→181ページ

れい 5851－716を　ひっ算で　します。

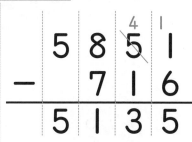

けた数が　ふえても、ひっ算の　しかたは　かわりません。くらいを　そろえて　一のくらいから　じゅんに　計算します。

---

① つぎの　計算を　ひっ算で　しましょう。　1つ6点【36点】

(1)
```
  2 0 6 3
－   3 7 6
```

(2)
```
  3 3 0 2
－   7 4 2
```

(3)
```
  6 1 3 6
－   5 2 8
```

(4)
```
  7 4 8 4
－   6 9 4
```

(5)
```
  1 3 7 4
－   8 0 7
```

(6)
```
  4 0 3 9
－   4 8 5
```

---

② つぎの　計算を　ひっ算で　しましょう。　1つ8点【64点】

(1)
```
  5 7 2 0
－   8 9 5
```

(2)
```
  7 9 3 1
－   2 3 4
```

(3)
```
  8 6 6 0
－   6 9 0
```

(4)
```
  6 6 7 5
－   8 9 5
```

(5)
```
  2 8 3 8
－   4 5 5
```

(6)
```
  4 4 1 1
－   9 1 5
```

(7)
```
  9 6 7 6
－   6 7 7
```

(8)
```
  1 2 0 6
－   4 2 8
```

67 （4けた－3けた）の ひっ算

 目ひょう時間 **20分**

名前

67 解説→181ページ

れい 5851－716を ひっ算で します。

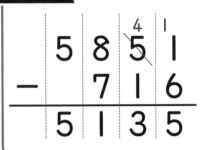

```
    4 1
  5 8 5̸ 1
－   7 1 6
─────────
  5 1 3 5
```

けた数が ふえても、ひっ算の しかたは かわりません。くらいを そろえて 一のくらいから じゅんに 計算します。

---

❶ つぎの 計算を ひっ算で しましょう。　1つ6点【36点】

(1)
```
  2 0 6 3
－   3 7 6
```

(2)
```
  3 3 0 2
－   7 4 2
```

(3)
```
  6 1 3 6
－   5 2 8
```

(4)
```
  7 4 8 4
－   6 9 4
```

(5)
```
  1 3 7 4
－   8 0 7
```

(6)
```
  4 0 3 9
－   4 8 5
```

---

❷ つぎの 計算を ひっ算で しましょう。　1つ8点【64点】

(1)
```
  5 7 2 0
－   8 9 5
```

(2)
```
  7 9 3 1
－   2 3 4
```

(3)
```
  8 6 6 0
－   6 9 0
```

(4)
```
  6 6 7 5
－   8 9 5
```

(5)
```
  2 8 3 8
－   4 5 5
```

(6)
```
  4 4 1 1
－   9 1 5
```

(7)
```
  9 6 7 6
－   6 7 7
```

(8)
```
  1 2 0 6
－   4 2 8
```

68 （4けた－4けた）の　ひっ算

れい　3774－1536を　ひっ算で　します。

```
    6 1
  3 7 7 4
－ 1 5 3 6
─────────
  2 2 3 8
```

一のくらいから　じゅんに、くり下がりに　気をつけて　計算します。

---

1 つぎの　計算を　ひっ算で　しましょう。　1つ6点【36点】

(1)
```
  9 5 5 0
－ 5 9 1 3
```

(2)
```
  4 1 1 4
－ 3 1 2 3
```

(3)
```
  6 9 8 2
－ 1 9 0 8
```

(4)
```
  2 7 1 2
－ 1 5 3 5
```

(5)
```
  3 4 1 0
－ 2 6 3 1
```

(6)
```
  8 0 3 8
－ 2 4 5 9
```

---

2 つぎの　計算を　ひっ算で　しましょう。　1つ8点【64点】

(1)
```
  3 3 0 4
－ 2 6 5 2
```

(2)
```
  7 4 4 0
－ 4 1 7 5
```

(3)
```
  2 6 5 9
－ 2 0 3 8
```

(4)
```
  4 0 3 4
－ 1 4 3 8
```

(5)
```
  6 7 1 5
－ 3 4 5 5
```

(6)
```
  2 3 2 1
－ 1 8 8 3
```

(7)
```
  9 1 2 2
－ 4 9 0 7
```

(8)
```
  3 7 1 9
－ 3 6 8 3
```

68 （4けた－4けた）の ひっ算

目ひょう時間 20分

解説→181ページ

✏ 学しゅうした日	月	日	とく点
名前			／100点

68

れい 3774－1536を ひっ算で します。

```
    6 1
  3 7 7̶ 4
－ 1 5 3 6
─────────
  2 2 3 8
```

一のくらいから じゅんに、くり下がりに 気をつけて 計算します。

---

❶ つぎの 計算を ひっ算で しましょう。　1つ6点【36点】

(1)
```
  9 5 5 0
－ 5 9 1 3
```

(2)
```
  4 1 1 4
－ 3 1 2 3
```

(3)
```
  6 9 8 2
－ 1 9 0 8
```

(4)
```
  2 7 1 2
－ 1 5 3 5
```

(5)
```
  3 4 1 0
－ 2 6 3 1
```

(6)
```
  8 0 3 8
－ 2 4 5 9
```

---

❷ つぎの 計算を ひっ算で しましょう。　1つ8点【64点】

(1)
```
  3 3 0 4
－ 2 6 5 2
```

(2)
```
  7 4 4 0
－ 4 1 7 5
```

(3)
```
  2 6 5 9
－ 2 0 3 8
```

(4)
```
  4 0 3 4
－ 1 4 3 8
```

(5)
```
  6 7 1 5
－ 3 4 5 5
```

(6)
```
  2 3 2 1
－ 1 8 8 3
```

(7)
```
  9 1 2 2
－ 4 9 0 7
```

(8)
```
  3 7 1 9
－ 3 6 8 3
```

4けたからひく　ひき算の　ひっ算

学しゅうした日　　　月　　　日

名前

とく点

／100点

れい 3000−11を　ひっ算で　します。

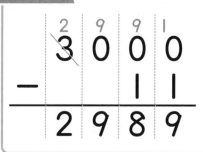

くらいを　そろえて　一のくらいから　じゅんに　計算します。くり下がりに　気をつけて　計算します。

① つぎの　計算を　ひっ算で　しましょう。 1つ6点【36点】

(1)
```
  1337
−   78
```

(2)
```
  7260
−4940
```

(3)
```
  5000
−    7
```

(4)
```
  9949
−1728
```

(5)
```
  3617
−  893
```

(6)
```
  4026
−   59
```

② つぎの　計算を　ひっ算で　しましょう。 1つ8点【64点】

(1)
```
  8649
−8545
```

(2)
```
  9844
−8866
```

(3)
```
  3051
−  204
```

(4)
```
  7965
−   99
```

(5)
```
  4223
−  118
```

(6)
```
  7000
−1883
```

(7)
```
  5325
−1525
```

(8)
```
  2288
−1245
```

目ひょう時間 **20分**

学しゅうした日　月　日　とく点

名前

/100点

69
解説→182ページ

れい 3000－11を ひっ算で します。

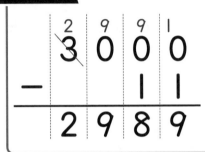

```
    2 9 9 1
    3 0 0 0
 -     1 1
 ─────────
    2 9 8 9
```

くらいを そろえて 一のくらいから じゅんに 計算します。くり下がりに 気をつけて 計算します。

❶ つぎの 計算を ひっ算で しましょう。　1つ6点【36点】

(1)
```
  1 3 3 7
 -    7 8
```

(2)
```
  7 2 6 0
 -4 9 4 0
```

(3)
```
  5 0 0 0
 -      7
```

(4)
```
  9 9 4 9
 -1 7 2 8
```

(5)
```
  3 6 1 7
 -  8 9 3
```

(6)
```
  4 0 2 6
 -    5 9
```

❷ つぎの 計算を ひっ算で しましょう。　1つ8点【64点】

(1)
```
  8 6 4 9
 -8 5 4 5
```

(2)
```
  9 8 4 4
 -8 8 6 6
```

(3)
```
  3 0 5 1
 -  2 0 4
```

(4)
```
  7 9 6 5
 -    9 9
```

(5)
```
  4 2 2 3
 -  1 1 8
```

(6)
```
  7 0 0 0
 -1 8 8 3
```

(7)
```
  5 3 2 5
 -1 5 2 5
```

(8)
```
  2 2 8 8
 -1 2 4 5
```

70 まとめの テスト⓫

目ひょう時間
20分

学しゅうした日　　　月　　　日

名前

とく点
／100点

70
解説→182ページ

❶ つぎの 計算を ひっ算で しましょう。 1つ5点【60点】

(1)
```
  787
- 623
```

(2)
```
  654
- 340
```

(3)
```
  576
- 476
```

(4)
```
  505
- 203
```

(5)
```
  675
- 168
```

(6)
```
  432
- 247
```

(7)
```
  891
- 358
```

(8)
```
  962
- 311
```

(9)
```
  848
- 572
```

(10)
```
  236
- 184
```

(11)
```
  400
- 195
```

(12)
```
  739
- 562
```

❷ つぎの 計算を ひっ算で しましょう。 1つ5点【40点】

(1)
```
  2977
-  962
```

(2)
```
  6309
-  621
```

(3)
```
  3799
- 2072
```

(4)
```
  6754
- 1828
```

(5)
```
  4000
-   21
```

(6)
```
  7000
-  101
```

(7)
```
  3647
- 1234
```

(8)
```
  8540
- 7935
```

70 まとめの テスト⓫

目ひょう時間 ⏱ **20分**

✏ 学しゅうした日　　　月　　　日

名前

とく点　　　／100点

らくらく マルつけ

70
解説→182ページ

---

❶ つぎの 計算を ひっ算で しましょう。　1つ5点【60点】

(1)　　787
　　−623

(2)　　654
　　−340

(3)　　576
　　−476

(4)　　505
　　−203

(5)　　675
　　−168

(6)　　432
　　−247

(7)　　891
　　−358

(8)　　962
　　−311

(9)　　848
　　−572

(10)　　236
　　−184

(11)　　400
　　−195

(12)　　739
　　−562

---

❷ つぎの 計算を ひっ算で しましょう。　1つ5点【40点】

(1)　　2977
　　−　962

(2)　　6309
　　−　621

(3)　　3799
　　−2072

(4)　　6754
　　−1828

(5)　　4000
　　−　21

(6)　　7000
　　−　101

(7)　　3647
　　−1234

(8)　　8540
　　−7935

71

1億までの 数の たし算・ひき算①

目ひょう時間 20分

学しゅうした日　　　月　　　日
名前

とく点
／100点

71
解説→182ページ

らくらくマルつけ

れい 12万＋54万を 計算します。

12万＋54万＝66万

12万は 1万が 12こ、54万は 1万が 54こ あります。1万が 12こと 1万が 54こを 合わせると、1万が 66こに なるので、66万と なります。

❶ つぎの 計算を しましょう。　　1つ4点【40点】

(1) 2千＋4千＝

(2) 3万＋2万＝

(3) 9千－5千＝

(4) 10万＋50万＝

(5) 70万－20万＝

(6) 23万＋31万＝

(7) 41万＋26万＝

(8) 76万－53万＝

(9) 32万＋67万＝

(10) 25万－13万＝

❷ つぎの 計算を しましょう。　　1つ4点【36点】

(1) 5万＋7万＝

(2) 9万－5万＝

(3) 6万＋85万＝

(4) 14万＋69万＝

(5) 56万－28万＝

(6) 52万－35万＝

(7) 67万＋28万＝

(8) 43万－14万＝

(9) 20万＋90万＝

❸ つぎの 計算を しましょう。　　1つ6点【24点】

(1) 300万＋500万＝

(2) 800万－200万＝

(3) 432万＋274万＝

(4) 6000万－1400万＝

71 **1億までの 数の たし算・ひき算①**

✐ 学しゅうした日	月	日	とく点
名前			/100点

71
解説→182ページ

れい 12万＋54万を 計算します。

12万＋54万＝66万

12万は 1万が 12こ、54万は 1万が 54こ あります。1万が 12こと 1万が 54こを 合わせると、1万が 66こに なるので、66万と なります。

---

❶ つぎの 計算を しましょう。　　1つ4点【40点】

(1) 2千＋4千＝

(2) 3万＋2万＝

(3) 9千－5千＝

(4) 10万＋50万＝

(5) 70万－20万＝

(6) 23万＋31万＝

(7) 41万＋26万＝

(8) 76万－53万＝

(9) 32万＋67万＝

(10) 25万－13万＝

❷ つぎの 計算を しましょう。　　1つ4点【36点】

(1) 5万＋7万＝

(2) 9万－5万＝

(3) 6万＋85万＝

(4) 14万＋69万＝

(5) 56万－28万＝

(6) 52万－35万＝

(7) 67万＋28万＝

(8) 43万－14万＝

(9) 20万＋90万＝

❸ つぎの 計算を しましょう。　　1つ6点【24点】

(1) 300万＋500万＝

(2) 800万－200万＝

(3) 432万＋274万＝

(4) 6000万－1400万＝

✎ 学しゅうした日　　　月　　　日

名前

とく点

／100点

れい 20000＋90000を 計算します。

20000＋90000＝110000

20000は 10000が 2こ、90000は 10000が 9こ あります。20000と 90000を 合わせると、10000 が 2＋9＝11（こ）なので、110000に なります。

❶ つぎの 計算を しましょう。　　1つ5点【40点】

(1) 4000＋5000＝　　(2) 2000＋6000＝

(3) 7000－3000＝　　(4) 3000＋4000＝

(5) 500000－200000＝

(6) 300000＋500000＝

(7) 420000＋450000＝

(8) 1320000－320000＝

 つぎの 計算を しましょう。　　1つ6点【60点】

(1) 6000＋7000＝

(2) 5000＋5000＝

(3) 570000－480000＝

(4) 360000＋550000＝

(5) 3500000＋7500000＝

(6) 400000－380000＝

(7) 3430000＋5430000＝

(8) 37000000＋28000000＝

(9) 100000000－10000000＝

(10) 74000000＋16000000＝

72 1億までの 数の たし算・ひき算②

目ひょう時間 **20分**

✎ 学しゅうした日	月	日	とく点
名前			/100点

72
解説→183ページ

れい 20000＋90000を 計算します。

20000＋90000＝110000
20000は 10000が 2こ、90000は 10000が 9こ あります。20000と 90000を 合わせると、10000 が 2＋9＝11（こ）なので、110000に なります。

❶ つぎの 計算を しましょう。

1つ5点【40点】

(1) 4000＋5000＝　　(2) 2000＋6000＝

(3) 7000－3000＝　　(4) 3000＋4000＝

(5) 500000－200000＝

(6) 300000＋500000＝

(7) 420000＋450000＝

(8) 1320000－320000＝

❷ つぎの 計算を しましょう。

1つ6点【60点】

(1) 6000＋7000＝

(2) 5000＋5000＝

(3) 570000－480000＝

(4) 360000＋550000＝

(5) 3500000＋7500000＝

(6) 400000－380000＝

(7) 3430000＋5430000＝

(8) 37000000＋28000000＝

(9) 100000000－10000000＝

(10) 74000000＋16000000＝

目ひょう時間 **20分**

学しゅうした日　　　月　　　日

名前

とく点

／100点

73
解説→183ページ

れい 356億＋124億を 計算します。

356億＋124億＝480億

356億は 1億が 356こ、124億は 1億が 124こ あります。1億が 356こと 1億が 124こを 合わせると、1億が 480こに なるので、480億に なります。

❶ つぎの 計算を しましょう。

1つ4点【40点】

(1) 3億＋1億＝

(2) 5億＋4億＝

(3) 8億－2億＝

(4) 20億＋10億＝

(5) 90億－30億＝

(6) 24億＋13億＝

(7) 53億＋36億＝

(8) 92億－41億＝

(9) 36億＋41億＝

(10) 45億－22億＝

❷ つぎの 計算を しましょう。

1つ4点【36点】

(1) 8億＋6億＝

(2) 13億－7億＝

(3) 4億＋79億＝

(4) 26億＋35億＝

(5) 72億－38億＝

(6) 51億－47億＝

(7) 64億＋27億＝

(8) 52億－15億＝

(9) 40億＋80億＝

❸ つぎの 計算を しましょう。

1つ6点【24点】

(1) 400億＋300億＝

(2) 900億－300億＝

(3) 538億＋371億＝

(4) 8000億－2700億＝

73 1兆までの 数の たし算・ひき算

目ひょう時間 20分

学しゅうした日　　月　　日

名前

とく点 ／100点

73
解説→183ページ

れい 356億＋124億を 計算します。

356億＋124億＝480億

356億は 1億が 356こ、124億は 1億が 124こ あります。1億が 356こと 1億が 124こを 合わせると、1億が 480こに なるので、480億に なります。

❶ つぎの 計算を しましょう。 1つ4点【40点】

(1) 3億＋1億＝

(2) 5億＋4億＝

(3) 8億－2億＝

(4) 20億＋10億＝

(5) 90億－30億＝

(6) 24億＋13億＝

(7) 53億＋36億＝

(8) 92億－41億＝

(9) 36億＋41億＝

(10) 45億－22億＝

❷ つぎの 計算を しましょう。 1つ4点【36点】

(1) 8億＋6億＝

(2) 13億－7億＝

(3) 4億＋79億＝

(4) 26億＋35億＝

(5) 72億－38億＝

(6) 51億－47億＝

(7) 64億＋27億＝

(8) 52億－15億＝

(9) 40億＋80億＝

❸ つぎの 計算を しましょう。 1つ6点【24点】

(1) 400億＋300億＝

(2) 900億－300億＝

(3) 538億＋371億＝

(4) 8000億－2700億＝

およその 数の たし算・ひき算

目ひょう時間 20分

学しゅうした日　月　日

名前

とく点　／100点

74
解説→183ページ

れい 5774＋7436の 答えを、上から 2けた
の がい数に してから もとめます。

5774＋7436
5774→5800、7436→7400
より、5800＋7400＝13200
上から 2けたの がい数に するので、上から 3けた
目の くらいを 四捨五入します。0から 4の ときは
切りすて、5から 9の ときは 切り上げます。

**❶ つぎの 計算の 答えを、上から 2けたの がい数
に してから もとめましょう。**
1つ10点【40点】

(1) 2749＋6587
（　　　　　　）

(2) 35235－12453
（　　　　　　）

(3) 54325＋19621
（　　　　　　）

(4) 7268326－4864399
（　　　　　　）

**❷ つぎの 計算の 答えを、千のくらいまでの がい数
に してから もとめましょう。**
1つ10点【60点】

(1) 37562＋18280
（　　　　　　）

(2) 5738－4342
（　　　　　　）

(3) 45550－24312
（　　　　　　）

(4) 54622＋38280
（　　　　　　）

(5) 38955－25168
（　　　　　　）

(6) 732435＋566346
（　　　　　　）

74 およその 数の たし算・ひき算

目ひょう時間 **20**分

| ✐ 学しゅうした日 | 月 | 日 | とく点 |
| 名前 | | | /100点 |

74
解説→183ページ

れい 5774＋7436の 答えを、上から 2けた の がい数に してから もとめます。

5774＋7436

5774→5800、7436→7400

より、5800＋7400＝13200

上から 2けたの がい数に するので、上から 3けた 目の くらいを 四捨五入します。0から 4の ときは 切りすて、5から 9の ときは 切り上げます。

❶ つぎの 計算の 答えを、上から 2けたの がい数 に してから もとめましょう。

1つ10点【40点】

(1) 2749＋6587

(　　　　　)

(2) 35235－12453

(　　　　　)

(3) 54325＋19621

(　　　　　)

(4) 7268326－4864399

(　　　　　)

❷ つぎの 計算の 答えを、千のくらいまでの がい数 に してから もとめましょう。

1つ10点【60点】

(1) 37562＋18280

(　　　　　)

(2) 5738－4342

(　　　　　)

(3) 45550－24312

(　　　　　)

(4) 54622＋38280

(　　　　　)

(5) 38955－25168

(　　　　　)

(6) 732435＋566346

(　　　　　)

目ひょう時間 🕐 20分

📝学しゅうした日　　　月　　　日

名前

とく点　　／100点

75
解説→184ページ

れい　30−(21+7)を　計算します。

$$30-(21+7)=30-28$$
②　　①
$$=2$$

（ ）のある、21+7から計算します。

計算の　じゅんじょは、つぎのように　なります。

ア　ふつうは、左から　じゅんに　計算します。

イ　（ ）のある　しきは、（ ）の中を　先に　計算します。

1 つぎの　計算を　しましょう。　　1つ5点【45点】

(1) $18-(2+6)=$　　(2) $3-(6-5)=$

(3) $17-(4+3-5)=$　　(4) $(6+4)-5=$

(5) $8-(5+2)=$

(6) $(7-3)+5=$

(7) $(9-4)-(3-2)=$

(8) $9-(4-3)-2=$

(9) $9-4-(3-2)=$

2 つぎの　計算を　しましょう。　　1つ6点【48点】

(1) $(67-18)+42=$

(2) $36-(17-12)=$

(3) $87-(47+33)=$

(4) $(17+33)-3=$

(5) $(13+4)-(3+5)=$

(6) $55-(35+52-45)=$

(7) $23+(35+52)=$

(8) $(95-37)+33=$

3 つぎの　計算を　しましょう。　　【7点】

$$372-(96-43-3)=$$

75 計算の　じゅんじょ

目ひょう時間 ⏱ **20**分

✎ 学しゅうした日　　　月　　　日

名前

とく点

／100点

75
解説→184ページ

れい 30−(21+7)を　計算します。

$$30-(21+7)=30-28$$
　　　②　　①
$$=2$$

（ ）のある、21+7から計算します。

計算の　じゅんじょは、つぎのように　なります。

ア　ふつうは、左から　じゅんに　計算します。

イ　（ ）のある　しきは、（ ）の中を　先に　計算します。

❶ つぎの　計算を　しましょう。　　1つ5点【45点】

(1) $18-(2+6)=$　　(2) $3-(6-5)=$

(3) $17-(4+3-5)=$　　(4) $(6+4)-5=$

(5) $8-(5+2)=$

(6) $(7-3)+5=$

(7) $(9-4)-(3-2)=$

(8) $9-(4-3)-2=$

(9) $9-4-(3-2)=$

❷ つぎの　計算を　しましょう。　　1つ6点【48点】

(1) $(67-18)+42=$

(2) $36-(17-12)=$

(3) $87-(47+33)=$

(4) $(17+33)-3=$

(5) $(13+4)-(3+5)=$

(6) $55-(35+52-45)=$

(7) $23+(35+52)=$

(8) $(95-37)+33=$

❸ つぎの　計算を　しましょう。　　【7点】

$372-(96-43-3)=$

76 まとめの テスト⓬

目ひょう時間
⏱
20分

📝 学しゅうした日　　　月　　　日　　とく点

名前

／100点

76
解説→184ページ

① つぎの 計算を しましょう。　1つ5点【10点】

(1) 472万＋323万＝

(2) 683万－394万＝

② つぎの 計算を しましょう。　1つ4点【24点】

(1) 3000＋6000＝

(2) 7000－6000＝

(3) 7000＋6000＝

(4) 11000－2000＝

(5) 610000－360000＝

(6) 280000＋440000＝

③ つぎの 計算を しましょう。　1つ6点【12点】

(1) 585億＋246億＝

(2) 2552億＋648億＝

④ つぎの 計算の 答えを、上から 2けたの がい数 にしてから もとめましょう。　1つ8点【24点】

(1) 3819＋5281

（　　　　　　）

(2) 78654－67432

（　　　　　　）

(3) 672885－121899

（　　　　　　）

⑤ つぎの 計算を しましょう。　1つ6点【30点】

(1) 13－(5＋6)＝　　(2) 7－(10－3)＝

(3) 62－(40－3)＋16＝

(4) 62－40－(3＋16)＝

(5) 74－(37＋29－48)＝

76 まとめの テスト⑫

目ひょう時間 20分

❶ つぎの 計算を しましょう。　1つ5点【10点】

(1) $472万＋323万＝$

(2) $683万－394万＝$

❷ つぎの 計算を しましょう。　1つ4点【24点】

(1) $3000＋6000＝$

(2) $7000－6000＝$

(3) $7000＋6000＝$

(4) $11000－2000＝$

(5) $610000－360000＝$

(6) $280000＋440000＝$

❸ つぎの 計算を しましょう。　1つ6点【12点】

(1) $585億＋246億＝$

(2) $2552億＋648億＝$

❹ つぎの 計算の 答えを、上から 2けたの がい数にしてから もとめましょう。　1つ8点【24点】

(1) $3819＋5281$

（　　　　　　　）

(2) $78654－67432$

（　　　　　　　）

(3) $672885－121899$

（　　　　　　　）

❺ つぎの 計算を しましょう。　1つ6点【30点】

(1) $13－(5＋6)＝$　　(2) $7－(10－3)＝$

(3) $62－(40－3)＋16＝$

(4) $62－40－(3＋16)＝$

(5) $74－(37＋29－48)＝$

77 パズル④

目ひょう時間 20分

学しゅうした日　　　月　　　日

名前

とく点 ／100点

77 解説→184ページ

---

① ひっ算の ◯に あてはまる 数を 書きましょう。

1つ7点【35点】

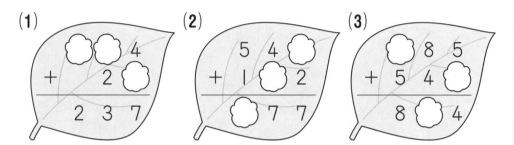

(1)
```
  ◯ ◯ 4
+   2 ◯
─────────
  2 3 7
```

(2)
```
  5 4 ◯
+ 1 ◯ 2
─────────
  ◯ 7 7
```

(3)
```
  ◯ 8 5
+ 5 4 ◯
─────────
    8 ◯ 4
```

(4)
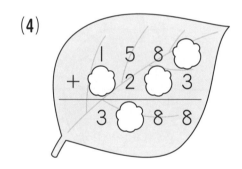
```
  1 5 8 ◯
+ ◯ 2 ◯ 3
─────────
  3 ◯ 8 8
```

(5)
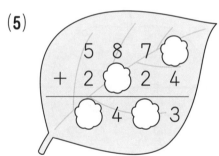
```
  5 8 7 ◯
+ 2 ◯ 2 4
─────────
  ◯ 4 ◯ 3
```

② ひっ算の ☆△□に あてはまる 数を、それぞれ 右の カードから えらんで ◯で かこみましょう。

【全部できて15点】

（ひっ算）
```
  2 ☆ 5
+ 3 △ 8
───────
  6 □ 3
```

（カード）

☆のカード（ 1 3 7 ）

△のカード（ 2 5 8 ）

□のカード（ 1 3 8 ）

---

③ ひっ算の ◯に あてはまる 数を 書きましょう。

1つ7点【35点】

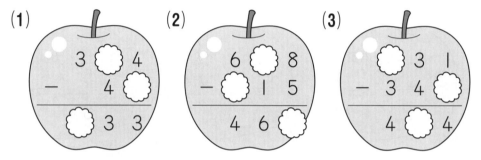

(1)
```
  3 ◯ 4
-   4 ◯
─────────
    3 3
```

(2)
```
  6 ◯ 8
- ◯ 1 5
─────────
  4 6 ◯
```

(3)
```
  ◯ 3 1
- 3 4 ◯
─────────
  4 ◯ 4
```

(4)
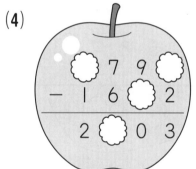
```
  ◯ 7 9 ◯
- 1 6 ◯ 2
─────────
  2 ◯ 0 3
```

(5)
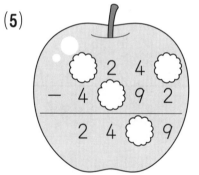
```
  ◯ 2 4 ◯
- 4 ◯ 9 2
─────────
  2 4 ◯ 9
```

④ ひっ算の ☆△□に あてはまる 数を、それぞれ 右の カードから えらんで ◯で かこみましょう。

【全部できて15点】

（ひっ算）
```
  8 ☆ 2
- 3 △ 7
───────
  4 □ 5
```

（カード）

☆のカード（ 2 4 7 ）

△のカード（ 1 3 6 ）

□のカード（ 1 3 7 ）

155

77 パズル④

目ひょう時間 ⏱ 20分

名前

とく点 　　／100点

77
解説→184ページ

❶ ひっ算の ◯に あてはまる 数を 書きましょう。

1つ7点【35点】

(1)　(2)　(3)

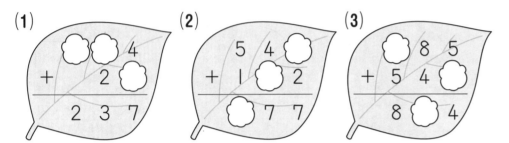

(4)　(5)

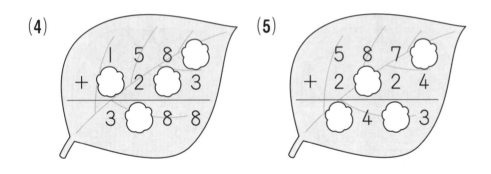

❷ ひっ算の ☆△□に あてはまる 数を、それぞれ 右の カードから えらんで ◯で かこみましょう。

（ひっ算）　（カード）　【全部できて15点】

```
  2 ☆ 5
+ 3 △ 8
─────────
  6 □ 3
```

☆のカード（ 1 3 7 ）

△のカード（ 2 5 8 ）

□のカード（ 1 3 8 ）

❸ ひっ算の ◯に あてはまる 数を 書きましょう。

1つ7点【35点】

(1)　(2)　(3)

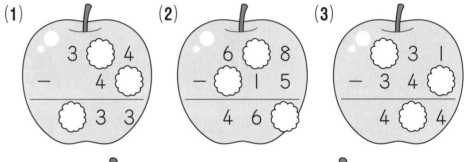

(4)　(5)

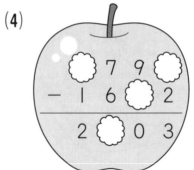

❹ ひっ算の ☆△□に あてはまる 数を、それぞれ 右の カードから えらんで ◯で かこみましょう。

（ひっ算）　（カード）　【全部できて15点】

```
  8 ☆ 2
- 3 △ 7
─────────
  4 □ 5
```

☆のカード（ 2 4 7 ）

△のカード（ 1 3 6 ）

□のカード（ 1 3 7 ）

78 そうふくしゅう①

❶ つぎの 計算を しましょう。　　1つ2点【26点】

(1) $7-2=$

(2) $3+6=$

(3) $2+8=$

(4) $8-6=$

(5) $5+3=$

(6) $6-6=$

(7) $9-5=$

(8) $0+5=$

(9) $1+3=$

(10) $5-3=$

(11) $9-1=$

(12) $5+1=$

(13) $9+1=$

❷ つぎの 計算を しましょう。　　1つ3点【42点】

(1) $11-1=$

(2) $10+9=$

(3) $16-2=$

(4) $13-2=$

(5) $15+2=$

(6) $18-6=$

(7) $14+5=$

(8) $13+5=$

(9) $17-4=$

(10) $18-8=$

(11) $6+13=$

(12) $15-3=$

(13) $3+14=$

(14) $17-6=$

❸ つぎの 計算を しましょう。　　1つ4点【32点】

(1) $2+2+1=$

(2) $8-3-2=$

(3) $1+4+3=$

(4) $10-2-6=$

(5) $7+3+5=$

(6) $16-6-4=$

(7) $2+8+7=$

(8) $18-8-7=$

78 そうふくしゅう①

目ひょう時間
⏱
20分

✐ 学しゅうした日　　　月　　　日
名前

とく点
／100点

らくらく
マルつけ
78
解説→185ページ

❶ つぎの　計算を　しましょう。　　1つ2点【26点】

(1)　7−2=

(2)　3+6=

(3)　2+8=

(4)　8−6=

(5)　5+3=

(6)　6−6=

(7)　9−5=

(8)　0+5=

(9)　1+3=

(10)　5−3=

(11)　9−1=

(12)　5+1=

(13)　9+1=

❷ つぎの　計算を　しましょう。　　1つ3点【42点】

(1)　11−1=

(2)　10+9=

(3)　16−2=

(4)　13−2=

(5)　15+2=

(6)　18−6=

(7)　14+5=

(8)　13+5=

(9)　17−4=

(10)　18−8=

(11)　6+13=

(12)　15−3=

(13)　3+14=

(14)　17−6=

❸ つぎの　計算を　しましょう。　　1つ4点【32点】

(1)　2+2+1=

(2)　8−3−2=

(3)　1+4+3=

(4)　10−2−6=

(5)　7+3+5=

(6)　16−6−4=

(7)　2+8+7=

(8)　18−8−7=

79 そうふくしゅう②

目ひょう時間
⏱ **20分**

学しゅうした日　　　月　　　日

名前

とく点
／100点

79
解説→185ページ

---

❶ つぎの 計算を しましょう。　　1つ5点【40点】

(1) 14−9=

(2) 7+8=

(3) 13−7=

(4) 11−8=

(5) 40+60=

(6) 7+60=

(7) 80−50=

(8) 58−6=

❷ つぎの 計算を ひっ算で しましょう。　　1つ5点【60点】

(1) 34+3

(2) 56−4

(3) 67+6

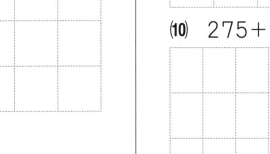

(4) 71−8

(5) 66−22

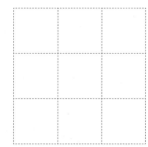

(6) 26+61

(7) 45+29

(8) 82−16

(9) 60+50

(10) 275+46

(11) 368−79

(12) 500+400

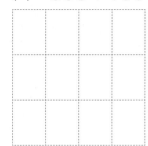

159

79 そうふくしゅう②

目ひょう時間 **20**分

学しゅうした日　　月　　日　　とく点

名前

／100点

解説→185ページ

❶ つぎの 計算を しましょう。

1つ5点【40点】

(1) 14−9＝

(2) 7+8＝

(3) 13−7＝

(4) 11−8＝

(5) 40+60＝

(6) 7+60＝

(7) 80−50＝

(8) 58−6＝

❷ つぎの 計算を ひっ算で しましょう。

1つ5点【60点】

(1) 34+3

(2) 56−4

(3) 67+6

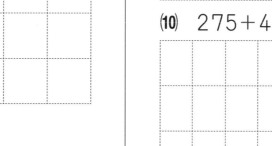

(4) 71−8

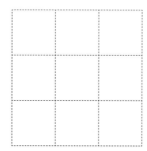

(5) 66−22

(6) 26+61

(7) 45+29

(8) 82−16

(9) 60+50

(10) 275+46

(11) 368−79

(12) 500+400

80 そうふくしゅう③

日ひょう時間
🕐
20分

📝学しゅうした日　　　月　　　日

名前

とく点

／100点

80
解説→186ページ

1 つぎの 計算を しましょう。

1つ5点【50点】

(1)
```
  1 7 2
+ 2 2 7
```

(2)
```
  5 8 2
- 2 6 2
```

(3)
```
  6 2 7
+ 1 7 7
```

(4)
```
  7 4 2
+ 5 8 9
```

(5)
```
  6 7 1
- 3 6 9
```

(6)
```
  4 0 2
- 1 5 7
```

(7)
```
  2 8 3 9
+ 3 1 4 0
```

(8)
```
  5 7 2 8
+ 2 7 5 9
```

(9)
```
  6 7 1 3
-   4 1 5
```

(10)
```
  8 6 2 4
- 4 7 8 1
```

2 つぎの 計算を しましょう。

1つ6点【30点】

(1) 471万＋214万＝

(2) 758億－324億＝

(3) 27－(4＋8)＝

(4) 20－(11－5)＝

(5) 81－(30－9)＋12＝

3 つぎの 計算の 答えを、上から 2けたの がい数
にしてから もとめましょう。

1つ10点【20点】

(1) 7182－4501

（　　　　　　　）

(2) 46878－42282

（　　　　　　　）

80 そうふくしゅう③

目ひょう時間
⏱
20分

学しゅうした日　　月　　日

名前

とく点

／100点

80
解説→186ページ

❶ つぎの　計算を　しましょう。　　1つ5点【50点】

(1)
```
  1 7 2
+ 2 2 7
```

(2)
```
  5 8 2
- 2 6 2
```

(3)
```
  6 2 7
+ 1 7 7
```

(4)
```
  7 4 2
+ 5 8 9
```

(5)
```
  6 7 1
- 3 6 9
```

(6)
```
  4 0 2
- 1 5 7
```

(7)
```
  2 8 3 9
+ 3 1 4 0
```

(8)
```
  5 7 2 8
+ 2 7 5 9
```

(9)
```
  6 7 1 3
-   4 1 5
```

(10)
```
  8 6 2 4
- 4 7 8 1
```

❷ つぎの　計算を　しましょう。　　1つ6点【30点】

(1)　471万＋214万＝

(2)　758億－324億＝

(3)　27－(4＋8)＝

(4)　20－(11－5)＝

(5)　81－(30－9)＋12＝

❸ つぎの　計算の　答えを、上から　2けたの　がい数
にしてから　もとめましょう。　　1つ10点【20点】

(1)　7182－4501

（　　　　　　　）

(2)　46878－42282

（　　　　　　　）

学年縦断ギガドリル　たし算・ひき算
答え

わからなかった問題は、◁》 **ポイント**の解説を
よく読んで、確認してください。

1	**10までの　たし算①**			3ページ

❶ (1)3　　(2)6　　(3)7　　(4)2
　　(5)9　　(6)10　　(7)7　　(8)5
　　(9)9　　(10)8　　(11)6　　(12)10
❷ (1)5　　(2)6　　(3)10　　(4)7
　　(5)9　　(6)8　　(7)9　　(8)7
　　(9)8　　(10)10　　(11)4　　(12)10
　　(13)9　　(14)7　　(15)7　　(16)9

◁》 **ポイント**
10までのたし算です。
❶(1)数字を黒丸で考えると、
　　●● と ● で ●●● となり、
2＋1は3となります。
(6)数字を黒丸で考えると、
　　●●●●● と ● で ●●●●●
　　●●●● 　　　　 ●●●●● となり、
9＋1は10になります。
ちなみに、繰り上げの計算では、10のまとまりを
つくって計算します。10になる数の組み合わせは、
すぐに答えられるようにさせましょう。
1と9、2と8、3と7、4と6、5と5、6と4、
7と3、8と2、9と1で10となります。

2	**10までの　たし算②**			5ページ

❶ (1)9　　(2)8　　(3)9　　(4)6
　　(5)7　　(6)10　　(7)9　　(8)9
　　(9)7　　(10)9
❷ (1)1　　(2)4　　(3)8　　(4)3
　　(5)2　　(6)7　　(7)6　　(8)5
　　(9)9　　(10)1　　(11)8　　(12)7
　　(13)0　　(14)2　　(15)5

◁》 **ポイント**
10までのたし算です。
❶(1)数字を黒丸で考えると、
　　●●●●● 　　●● 　　 ●●●●●
　　●● と 　 で ●●●● となり、
7＋2は9となります。
(4)0とのたし算です。0をたしても数は増えないの
で、答えはたされる数のままです。
　数字を黒丸で考えると、
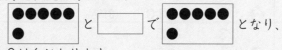
6＋0は6となります。

3	**10までの　たし算③**			7ページ

❶ (1)6　　(2)9　　(3)6　　(4)5
　　(5)9　　(6)5　　(7)8　　(8)7
　　(9)10　　(10)10　　(11)7　　(12)9
　　(13)4　　(14)10　　(15)10　　(16)10
　　(17)8　　(18)10　　(19)9　　(20)8
　　(21)9　　(22)3　　(23)4　　(24)8
　　(25)6

4	**まとめの　テスト①**			9ページ

❶ (1)8　　(2)6　　(3)9　　(4)10
　　(5)9　　(6)7　　(7)7　　(8)6
　　(9)10　　(10)9　　(11)3　　(12)5
　　(13)2　　(14)2　　(15)10　　(16)9
❷ (1)2　　(2)4　　(3)8　　(4)9
　　(5)9　　(6)8
❸ (1)8　　(2)7　　(3)6　　(4)6
　　(5)7　　(6)7　　(7)9

◁》 **ポイント**
10までのたし算です。計算に行き詰まるようなら、
数字を黒丸で考えさせて解かせましょう。

5	**10までの　ひき算①**			11ページ

❶ (1)5　　(2)3　　(3)1　　(4)4
　　(5)6　　(6)4　　(7)7　　(8)2
　　(9)8　　(10)5
❷ (1)6　　(2)7　　(3)2　　(4)4
　　(5)5　　(6)3　　(7)1　　(8)8
　　(9)5　　(10)2　　(11)3　　(12)6
　　(13)5　　(14)1　　(15)4

◁》 **ポイント**
10までのひき算です。
❶(1)数字を黒丸で考えると、

となり、6－1は5になります。
❷(8)数字を黒丸で考えると、

となり、10－2は8になります。

6 10までの ひき算② 13ページ

❶
(1)0	(2)0	(3)0	(4)0
(5)0	(6)0	(7)0	(8)0

❷
(1)8	(2)7	(3)4	(4)6
(5)9	(6)5		

❸
(1)2	(2)5	(3)0	(4)2
(5)8	(6)0	(7)5	(8)1

🔊 **ポイント**

❶同じ数のひき算です。同じ数をひくと何も残らないので、答えは0です。

(1)数字を黒丸で考えます。

●●● から ●●● をとると、 [　　] となり、3−3は0になります。

❷0をひくひき算です。ひかれる数から何もひかないので、ひかれる数がそのまま答えになります。

(3)数字を黒丸で考えると、

●●●● から [　　] をとると、●●●● となり、4−0は4になります。

7 10までの ひき算③ 15ページ

❶
(1)5	(2)4	(3)3	(4)4
(5)1	(6)2	(7)3	(8)5
(9)2	(10)4		

❷
(1)7	(2)9	(3)7	(4)6
(5)7	(6)6	(7)7	(8)9
(9)8	(10)4	(11)3	(12)7
(13)3	(14)2	(15)2	

8 10までの たし算と ひき算① 17ページ

❶
(1)3	(2)8	(3)9	(4)3
(5)9	(6)3		

❷
(1)6	(2)6	(3)3	(4)5
(5)6	(6)7		

❸
(1)2	(2)3	(3)8	(4)1
(5)4	(6)5	(7)6	(8)9
(9)5	(10)8	(11)4	(12)3
(13)4	(14)4	(15)2	(16)8

🔊 **ポイント**

たし算とひき算が混じっています。間違えないようにしっかりと確認させましょう。

9 10までの たし算と ひき算② 19ページ

❶
(1)5	(2)8	(3)8	(4)7
(5)10	(6)5		

❷
(1)0	(2)10	(3)9	(4)8
(5)3	(6)5		

❸
(1)4	(2)5	(3)7	(4)4
(5)2	(6)7	(7)6	(8)0
(9)4	(10)10	(11)7	(12)6
(13)5	(14)7	(15)6	(16)10

10 まとめの テスト❷ 21ページ

❶
(1)5	(2)4	(3)2	(4)4
(5)4	(6)1	(7)0	(8)2
(9)3	(10)4	(11)6	(12)2
(13)6	(14)7	(15)4	(16)0

❷
(1)2	(2)7	(3)10	(4)5
(5)4	(6)0		

❸
(1)2	(2)10	(3)9	(4)4
(5)7	(6)6	(7)8	

11 20までの たし算① 23ページ

❶
(1)12	(2)14	(3)15	(4)16
(5)11	(6)13	(7)19	(8)18
(9)10	(10)17		

❷
(1)16	(2)18	(3)19	(4)17
(5)15			

❸
(1)14	(2)17	(3)15	(4)19
(5)18	(6)16		

🔊 **ポイント**

❶10といくつのたし算です。

(1)10を1つと、1を2つ合わせた数は12です。

❷繰り上がりのない2桁＋1桁の計算です。

10はそのままで、一の位だけ計算させましょう。

❸繰り上がりのない1桁＋2桁の計算です。

10はそのままで、一の位だけ計算させましょう。

(1)2＋12について、

　　12は、10と2

　　2と2で、4

　　10と4で、14

という手順で求めます。

12　20までの　たし算②　25ページ

❶ (1)15　(2)18　(3)18　(4)18
　(5)17　(6)19
❷ (1)19　(2)17　(3)16　(4)15
　(5)17　(6)12
❸ (1)18　(2)18　(3)15　(4)19
　(5)16　(6)17　(7)18　(8)17
　(9)14　(10)19　(11)16　(12)15
　(13)18　(14)14　(15)18　(16)19

◁» ポイント
❶繰り上がりのないたし算です。10はそのままで、一の位だけ計算させましょう。
❷(1)4+15について、
　15は、10と5
　4と5で、9
　10と9で、19
となります。

13　20までの　ひき算　27ページ

❶ (1)14　(2)19　(3)16　(4)12
　(5)17　(6)11
❷ (1)12　(2)18　(3)13　(4)11
　(5)10　(6)12　(7)10　(8)10
　(9)13　(10)11　(11)16　(12)11
　(13)13　(14)11　(15)11　(16)15

◁» ポイント
❶繰り下がりのないひき算です。1桁の数をひくので、十の位はそのままで、一の位だけ計算すればよいことに気がつかせましょう。
(1)19−5について、
　19は、10と9
　9から5をひくと、4
　10と4で、14
という手順で求めます。

14　20までの　たし算と　ひき算　29ページ

❶ (1)16　(2)14　(3)15　(4)18
　(5)13　(6)10
❷ (1)19　(2)13　(3)17　(4)14
　(5)11　(6)19
❸ (1)11　(2)18　(3)12　(4)12
　(5)16　(6)11　(7)19　(8)16
　(9)13　(10)11　(11)18　(12)14
　(13)19　(14)18　(15)12　(16)19

◁» ポイント
たし算とひき算が混じっています。間違えないようにしっかりと確認させましょう。

15　まとめの　テスト❸　31ページ

❶ (1)19　(2)11　(3)10　(4)18
　(5)12　(6)11　(7)19　(8)18
　(9)14　(10)13　(11)16　(12)16
　(13)16　(14)16　(15)15　(16)12
❷ (1)11　(2)19　(3)13　(4)10
　(5)12　(6)14
❸ (1)19　(2)14　(3)13　(4)10
　(5)17　(6)14　(7)19

◁» ポイント
たし算とひき算が混じった、繰り上がり、繰り下がりのない計算です。10はそのままで、一の位だけ計算させましょう。

16 3つの 数の たし算　33ページ

❶ (1)4　(2)8　(3)8　(4)6
　(5)9　(6)10　(7)7　(8)9
　(9)7　(10)8　(11)8　(12)8
　(13)7
❷ (1)12　(2)16　(3)11　(4)17
　(5)16　(6)11　(7)12　(8)19
　(9)13　(10)15　(11)18　(12)13

🔊 ポイント

❶3つの 数の 計算は、前の 2つの 数から 先に 計算させましょう。
(1)1+2+1は、まず、1+2を 計算します。
その 答えである 3に 2を たします。
1+2=3+1=4と 書くと、式の 左端と 右端で
「1+2=4」になるので、間違いに なります。
　　1+2+1=3+1=4
と 書いていたら、正解です。また、今後かっこの
ある 計算や、＋、－、×、÷の 混じった 計算では、
「＝」を 縦に そろえて 書く ことに なるので、改行して、
　　1+2+1=3+1
　　　　　 =4
という 書き方に 慣らして いくと より 良いでしょう。
❷3つの 数の たし算で、初めの 2つの 数の 和が 10
になる 計算です。繰り上がりの ない 問題なので、必
ず 10を 経由します。そうならない 場合は 計算間違
いですので、よく 見直しを させて ください。
(1)2+8+2=10+2
　　　　 =12

17 3つの 数の ひき算　35ページ

❶ (1)7　(2)1　(3)2　(4)1
　(5)2　(6)2　(7)0　(8)2
　(9)3　(10)4　(11)3　(12)6
❷ (1)3　(2)10　(3)8　(4)9
　(5)2　(6)5　(7)6　(8)7
　(9)1　(10)4　(11)7　(12)6

🔊 ポイント

3つの 数の ひき算も、これまでの ひき算と 同じよう
に、前から 順に 計算します。
❶(1)10-2-1=8-1
　　　　　　 =7
(7)8-2-6=6-6
　　　　 =0
❷3つの 数の ひき算で、初めの 2つの 数の 差が 10
になる 計算です。繰り下がりの ない 問題なので、必
ず 10を 経由します。そうならない 場合は 計算間違
いですので、よく 見直しを させて ください。
(1)15-5-7=10-7
　　　　　　 =3
(2)13-3-0=10-0
　　　　　　 =10
(12)10-0-4=10-4
　　　　　　 =6

18 3つの 数の たし算と ひき算①　37ページ

❶ (1)4　(2)7　(3)5　(4)3
　(5)9　(6)10　(7)4　(8)10
　(9)2　(10)7
❷ (1)7　(2)14　(3)12　(4)4
　(5)13　(6)16　(7)10　(8)18
　(9)5　(10)18　(11)4　(12)14
　(13)15　(14)3　(15)13

🔊 ポイント

「＋」と「－」の 記号に 注意させましょう。
❶(1)6+1-3=7-3
　　　　　　 =4
(5)6-6+9=0+9
　　　　　 =9
(9)0+3-1=3-1
　　　　　 =2
(10)10-5+2=5+2
　　　　　　 =7
❷初めの 2つの 数を 計算すると、10に なる 問題で
す。
(1)6+4-3=10-3
　　　　　 =7
(2)15-5+4=10+4
　　　　　　 =14
(3)13-3+2=10+2
　　　　　　 =12
(4)5+5-6=10-6
　　　　　 =4
(5)16-6+3=10+3
　　　　　　 =13

19 3つの 数の たし算と ひき算② 39ページ

❶ (1)2　(2)10　(3)2　(4)2
　(5)7　(6)8
❷ (1)7　(2)10　(3)9　(4)10
　(5)2　(6)0
❸ (1)13　(2)6　(3)8　(4)4
　(5)12　(6)12　(7)10　(8)2
　(9)15　(10)18　(11)4　(12)14
　(13)15　(14)8　(15)16　(16)13

◁)) **ポイント**
3つの数の計算は、前の2つの数から先に計算させましょう。
❶(1)4＋1－3＝5－3
　　　　　＝2
(2)0＋3＋7＝3＋7
　　　　　＝10
(5)10－9＋6＝1＋6
　　　　　＝7

20 まとめの テスト❹ 41ページ

❶ (1)8　(2)9　(3)2　(4)3
　(5)9　(6)0　(7)3　(8)8
　(9)9　(10)4　(11)8　(12)5
　(13)3　(14)5　(15)3　(16)7
❷ (1)16　(2)7　(3)13　(4)3
　(5)12　(6)2
❸ (1)5　(2)6　(3)18　(4)14
　(5)1　(6)16　(7)17

21 パズル① 43ページ

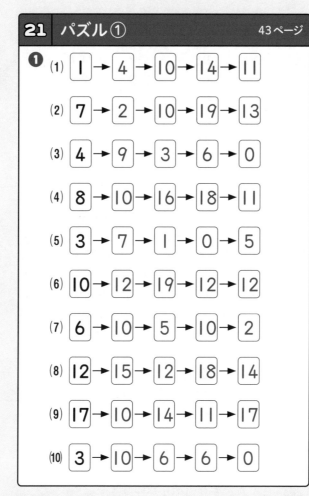

❶
(1) 1 → 4 → 10 → 14 → 11
(2) 7 → 2 → 10 → 19 → 13
(3) 4 → 9 → 3 → 6 → 0
(4) 8 → 10 → 16 → 18 → 11
(5) 3 → 7 → 1 → 0 → 5
(6) 10 → 12 → 19 → 12 → 12
(7) 6 → 10 → 5 → 10 → 2
(8) 12 → 15 → 12 → 18 → 14
(9) 17 → 10 → 14 → 11 → 17
(10) 3 → 10 → 6 → 6 → 0

◁)) **ポイント**
ここまでに学習した、たし算とひき算を繰り返す計算パズルです。各問題とも4回計算しますが、最初で間違うと、その問題の最後まで不正解となるので、丁寧に計算させましょう。
また、途中で2桁になったり1桁になったりしていますが、繰り上がりや繰り下がりを本ドリルではまだ扱っていないので、必ず10を経由します。そうならない場合は計算間違いですので、よく見直しをさせてください。

22 くり上がりの ある たし算① 45ページ

❶ (1)12　(2)16　(3)12　(4)16
　(5)14　(6)11
❷ (1)12　(2)11　(3)13　(4)15
　(5)12　(6)14　(7)13　(8)11
❸ (1)13　(2)14　(3)12　(4)15

◁)) **ポイント**
❶繰り上がりのあるたし算です。「10のまとまりを作るために、あといくつ必要か」を考えて、計算させましょう。「たされる数の方が大きい数」あるいは「たされる数とたす数が同じ数」を集めた問題なので、たされる数の方に着目させて、たされる数にあといくつあると10になるのか考えさせましょう。
(1)8はあと2をたすと、「10のまとまり」になります。
　　8＋4＝12　← 10のまとまりと2をたすと、12
　　② ②
❷(1)6はあと4をたすと、「10のまとまり」になります。
　　6＋6＝12　← 10のまとまりと2をたすと、12
　　④ ②

23 くり上がりの ある たし算② 47ページ

❶ (1)14　(2)12　(3)17　(4)14
(5)11　(6)11

❷ (1)12　(2)16　(3)11　(4)15
(5)11　(6)13　(7)14　(8)12

❸ (1)11　(2)15　(3)13　(4)13

◁)) ポイント

繰り上がりのあるたし算です。「10のまとまりを作るために、あといくつ必要か」を考えて、計算させましょう。「たす数の方が大きい数」だけを集めた問題なので、たす数の方に着目させて、たす数にあといくつあると10になるのか考えさせましょう。

24 くり上がりの ある たし算③ 49ページ

❶ (1)11　(2)18　(3)12　(4)11
(5)12　(6)11

❷ (1)13　(2)16　(3)11　(4)15
(5)13　(6)11

❸ (1)14　(2)12　(3)15　(4)11
(5)14　(6)12　(7)14　(8)12
(9)15　(10)11　(11)13　(12)16
(13)16　(14)12　(15)13　(16)17

◁)) ポイント

繰り上がりのあるたし算です。たされる数、たす数のどちらの数の方が大きいか判断して、大きい数の方を「10のまとまりにするためには、あといくつ必要か」を考え、計算させましょう。

25 くり下がりの ある ひき算① 51ページ

❶ (1)9　(2)5　(3)9　(4)4
(5)7　(6)7　(7)8　(8)6

❷ (1)5　(2)7　(3)9　(4)2
(5)5　(6)8　(7)8　(8)7
(9)9　(10)9　(11)6　(12)8
(13)4　(14)5　(15)9

◁)) ポイント

❶繰り下がりのあるひき算です。計算方法として、減加法と減々法の2つの方法があります。どちらがよいということはありません。教科書でも両方を教えています。子どもにとって、どちらがわかりやすいか、ということが一番大事です。両方の方法を身に付けさせるより、子どもが納得できる方できちんと計算できるように、十分練習させましょう。ここでは、減加法の手順を説明し、次の26回で減々法の手順を説明します。

次の❶から❸の手順で計算します。

❶ひかれる数を10と「いくつ」に分ける

❷10からひく数をひく(減)

❸❶の「いくつ」と❷の答えをたす。(加)

(1)**❶**ひかれる数の15を、10と5に分けます。

❷10から6をひいて4が残ります。

❸5と4をたして、9になります。

26 くり下がりの ある ひき算② 53ページ

❶ (1)8　(2)2　(3)6　(4)7
(5)8　(6)5　(7)5　(8)5

❷ (1)3　(2)3　(3)7　(4)8
(5)4　(6)4　(7)6　(8)9
(9)7　(10)6　(11)8　(12)6
(13)9　(14)2　(15)7

◁)) ポイント

❶繰り下がりのあるひき算です。ここでは、減々法の手順で説明します。

次の❶から❸の手順で計算します。

❶ひく数を、「ひかれる数の一の位の数」といくつに分ける

❷ひかれる数から、その一の位の数をひいて10にする(減)

❸10から❶の「いくつ」をひく(減)

(1)**❶**ひく数の5を、3と2に分けます。

❷13から3をひいて、10になります。

❸10から2をひいて、8になります。

27 くり上がり・くり下がりの　計算① 55ページ

- ❶ (1) 5　(2) 11　(3) 9　(4) 6
　(5) 14　(6) 11
- ❷ (1) 9　(2) 14　(3) 16　(4) 8
　(5) 15　(6) 5
- ❸ (1) 7　(2) 12　(3) 8　(4) 8
　(5) 11　(6) 15　(7) 5　(8) 12
　(9) 9　(10) 12　(11) 16　(12) 4
　(13) 6　(14) 16　(15) 9　(16) 12

🔊 **ポイント**

たし算とひき算が混じっています。繰り上がり、繰り下がりにも注意させて、間違えないように計算させましょう。

28 くり上がり・くり下がりの　計算② 57ページ

- ❶ (1) 9　(2) 18　(3) 7　(4) 8
　(5) 14　(6) 14
- ❷ (1) 4　(2) 17　(3) 16　(4) 12
　(5) 9　(6) 9
- ❸ (1) 6　(2) 13　(3) 7　(4) 5
　(5) 12　(6) 15　(7) 8　(8) 15
　(9) 5　(10) 11　(11) 12　(12) 8
　(13) 6　(14) 16　(15) 3　(16) 11

🔊 **ポイント**

きちんと計算できるまで、しっかり反復練習させましょう。また、繰り下がりの計算をするときは減加法、減々法のどちらの方法でも構いませんが、3段階の手順を踏んできちんと計算できているか、確認させてください。

29 まとめの　テスト❺ 59ページ

- ❶ (1) 12　(2) 13　(3) 13　(4) 11
　(5) 14　(6) 17　(7) 13　(8) 12
- ❷ (1) 5　(2) 6　(3) 9　(4) 7
　(5) 5
- ❸ (1) 8　(2) 14　(3) 6　(4) 8
　(5) 11　(6) 15　(7) 6　(8) 12
　(9) 4　(10) 11　(11) 15　(12) 6
　(13) 5　(14) 7　(15) 14　(16) 8

30 パズル② 61ページ

- ❶ (1) 4、6　(2) 3、7　(3) 5、5
　(4) 8、2　(5) 1、9
- ❷ (1) 2、10　(2) 4、8　(3) 5、7
- ❸ (1) 6、11　(2) 8、9

🔊 **ポイント**

答えになる2つの数字の順序は、入れ替わっても構いません。

❶たして10になる組み合わせを見つける問題です。10になる組み合わせは繰り上がり、繰り下がりの計算において重要ですので、計算せずに見つけられるとよりよいです。

❷❸「計算のたしかめ」を学習していない場合は、答えからひき算を用いて逆算する方法は使えない場合があります。様々な組み合わせでたし算を試して、答えに合うものを探させましょう。

31 100までの　たし算① 63ページ

- ❶ (1) 30　(2) 50　(3) 90　(4) 100
　(5) 60　(6) 70　(7) 50　(8) 80
- ❷ (1) 100　(2) 90　(3) 70　(4) 60
　(5) 80　(6) 80　(7) 60　(8) 80
　(9) 100　(10) 70　(11) 80　(12) 100
　(13) 80　(14) 80　(15) 100

🔊 **ポイント**

何十と何十の和の問題です。10を1つのかたまりとして考えさせましょう。

❶(1) 10+20について、
10は10が1個、20は10が2個なので、これらを合わせると、10が3個で、30となるので、

10+20=30

という手順で求めます。

(4) 40+60について、
40は10が4個、60は10が6個なので、これらを合わせると、10が10個で、100だから、

40+60=100

という手順で求めます。

32	**100までの　たし算②**			65ページ
❶	(1) 16	(2) 37	(3) 25	(4) 64
	(5) 43	(6) 28	(7) 33	(8) 76
❷	(1) 38	(2) 55	(3) 67	(4) 24
	(5) 49	(6) 85	(7) 99	(8) 71
	(9) 39	(10) 97	(11) 42	(12) 83
	(13) 22	(14) 73	(15) 69	

◁)) **ポイント**

何十と１桁の数の和を求める問題です。

❶(1)たされる数の一の位が０なので、答えの一の
位はたす数と同じ数になります。

(2)たす数の一の位が０なので、答えの一の位はた
される数と同じ数になります。

33	**100までの　たし算③**			67ページ
❶	(1) 39	(2) 28	(3) 16	(4) 68
	(5) 46	(6) 25	(7) 77	(8) 92
❷	(1) 55	(2) 48	(3) 63	(4) 29
	(5) 98	(6) 49	(7) 65	(8) 78
	(9) 66	(10) 39	(11) 27	(12) 45
	(13) 79	(14) 68	(15) 18	

◁)) **ポイント**

２桁と１桁の２数の和で、繰り上がりのない問題で
す。十の位の数はそのままで、一の位の数の和を
求めます。

❶(1)34＋5について、
　　34は、30と4
　　4と5で、9
　　30と9で、39
という手順で求めます。

(2)7＋21について、
　　21は、20と1
　　7と1で、8
　　20と8で、28
という手順で求めます。

34	**100までの　ひき算①**			69ページ
❶	(1) 50	(2) 0	(3) 40	(4) 60
	(5) 40	(6) 20	(7) 40	(8) 50
❷	(1) 60	(2) 60	(3) 90	(4) 70
	(5) 10	(6) 30	(7) 20	(8) 30
	(9) 70	(10) 20	(11) 70	(12) 30
	(13) 30	(14) 20	(15) 20	

◁)) **ポイント**

何十と何十の差の問題です。10を1つのかたまり
として考えて解かせましょう。

❶(1)60－10について、
　　60は10が6個、10は10が1個、
　　10が6－1＝5(個)になるので、50だから、
　　60－10＝50
という手順で求めます。

(4)100－40について、
　　100は10が10個、40は10が4個、
　　10が10－4＝6(個)になるので、60だから、
　　100－40＝60
という手順で求めます。

35 100までの ひき算② 71ページ

❶ (1) 34   (2) 52   (3) 44   (4) 76
    (5) 82   (6) 25   (7) 45   (8) 97

❷ (1) 50   (2) 82   (3) 73   (4) 91
    (5) 53   (6) 47   (7) 40   (8) 72
    (9) 62   (10) 30   (11) 35   (12) 42
    (13) 66   (14) 23   (15) 91

🔊 ポイント

2桁と1桁の2数の差で、繰り下がりのない問題です。十の位の数はそのままで、一の位の数の差を求めます。

❶ (1) 39−5について、
    39は、30と9
    9から5をひくと、4
    30と4で、34
という手順で求めます。

❷ (1) 53−3について、
    53は、50と3
    3から3をひくと、0
    50と0で、50
という手順で求めます。

(2) 86−4について、
    86は、80と6
    6から4をひくと、2
    80と2で、82
という手順で求めます。

36 まとめのテスト❻ 73ページ

❶ (1) 90   (2) 49   (3) 83   (4) 76
    (5) 69   (6) 19

❷ (1) 50   (2) 60   (3) 60   (4) 64
    (5) 40   (6) 83   (7) 32   (8) 44

❸ (1) 42   (2) 70   (3) 71   (4) 65
    (5) 20   (6) 20   (7) 64   (8) 89
    (9) 35   (10) 48   (11) 70   (12) 58
    (13) 84   (14) 39   (15) 60   (16) 47

🔊 ポイント

❶ (1) 何十と何十の和の問題です。10を1つのかたまりとして考えさせましょう。

(2) 何十と1けたの2数の和を求める問題です。たされる数の一の位が0なので、答えの一の位はたす数と同じ数になります。

(4) 72+4について、
    72は、70と2
    2と4で、6
    70と6で、76
という手順で求めます。

❷ (1) 何十と何十の差の問題です。10を1つのかたまりとして考えさせます。

(4) 67−3について、
    67は、60と7
    7から3をひくと、4
    60と4で、64
という手順で求めます。

❸ たし算とひき算が混ざっています。間違えないように計算させましょう。

37 （2けた+1けた）と（1けた+2けた）の ひっ算① 75ページ

❶
(1)   43
   ＋　5
   ―――
    48

(2)   31
   ＋　6
   ―――
    37

(3)   27
   ＋　2
   ―――
    29

(4)   15
   ＋　1
   ―――
    16

(5)   72
   ＋　3
   ―――
    75

(6)   94
   ＋　2
   ―――
    96

(7)   11
   ＋　8
   ―――
    19

(8)   64
   ＋　4
   ―――
    68

(9)   97
   ＋　2
   ―――
    99

❷
(1)   2
  ＋45
  ―――
   47

(2)   6
  ＋81
  ―――
   87

(3)   2
  ＋53
  ―――
   55

(4)   5
  ＋40
  ―――
   45

(5)   1
  ＋77
  ―――
   78

(6)   2
  ＋22
  ―――
   24

🔊 ポイント

❶ たし算の筆算です。筆算では、位を縦にそろえて書かせましょう。1桁の数を十の位に書かないようにさせてください。

(1) ❶一の位から計算します。
    3+5=8
❷十の位の4をそのまま筆算の十の位の答えに書きます。

        43
     ＋　5
     ―――
      48
      ❷❶

❶

(1)
```
  39
+  5
────
  44
```
(2)
```
  45
+  6
────
  51
```
(3)
```
  28
+  2
────
  30
```

(4)
```
  17
+  6
────
  23
```
(5)
```
  52
+  9
────
  61
```
(6)
```
  74
+  9
────
  83
```

❷

(1)
```
   7
+ 25
────
  32
```
(2)
```
   7
+ 47
────
  54
```
(3)
```
   8
+ 34
────
  42
```

(4)
```
   9
+ 55
────
  64
```
(5)
```
   8
+ 68
────
  76
```
(6)
```
   6
+ 16
────
  22
```

◁》**ポイント**

❶繰り上がりのあるたし算の筆算です。繰り上がりがあるときは、繰り上がった数だけ十の位の上に書かせるようにしましょう。

(1)
```
  3̇9
+  5
────
  44
```
(2)
```
  4̇5
+  6
────
  51
```
(3)
```
  2̇8
+  2
────
  30
```

---

❶

(1)
```
  37
-  3
────
  34
```
(2)
```
  68
-  6
────
  62
```
(3)
```
  89
-  9
────
  80
```

(4)
```
  35
-  2
────
  33
```
(5)
```
  62
-  1
────
  61
```
(6)
```
  76
-  5
────
  71
```

(7)
```
  54
-  3
────
  51
```
(8)
```
  48
-  4
────
  44
```
(9)
```
  77
-  4
────
  73
```

(10)
```
  55
-  3
────
  52
```
(11)
```
  77
-  1
────
  76
```
(12)
```
  58
-  2
────
  56
```

(13)
```
  49
-  4
────
  45
```
(14)
```
  75
-  1
────
  74
```
(15)
```
  68
-  3
────
  65
```

◁》**ポイント**

❶ひき算の筆算です。筆算では、位を縦にそろえて書かせましょう。1桁の数を十の位に書かないようにさせてください。

---

❶

(1)
```
  41
-  5
────
  36
```
(2)
```
  25
-  6
────
  19
```
(3)
```
  23
-  8
────
  15
```

(4)
```
  32
-  6
────
  26
```
(5)
```
  21
-  8
────
  13
```
(6)
```
  74
-  9
────
  65
```

(7)
```
  35
-  7
────
  28
```
(8)
```
  42
-  7
────
  35
```
(9)
```
  14
-  8
────
   6
```

(10)
```
  34
-  9
────
  25
```
(11)
```
  62
-  5
────
  57
```
(12)
```
  31
-  3
────
  28
```

◁》**ポイント**

❶繰り下がりのあるひき算の筆算です。繰り下げたときは、その位に残る数を忘れずに書き示すようにさせましょう。

(1)
```
  4̸³1
-  5
────
  36
```
(2)
```
  2̸5
-  6
────
  19
```
(3)
```
  2̸3
-  8
────
  15
```

172

41 まとめの テスト❼ 83ページ

❶
(1)
```
   3 7
+    2
─────
   3 9
```
(2)
```
     7
+  4 1
─────
   4 8
```
(3)
```
   7 4
+    4
─────
   7 8
```

(4)
```
     6
+  8 3
─────
   8 9
```
(5)
```
   2 5
+    3
─────
   2 8
```
(6)
```
     5
+  3 2
─────
   3 7
```

(7)
```
   5 4
+    2
─────
   5 6
```
(8)
```
     4
+  7 5
─────
   7 9
```
(9)
```
   3 3
+    6
─────
   3 9
```

❷
(1)
```
   6 3
+    9
─────
   7 2
```
(2)
```
     6
+  5 8
─────
   6 4
```
(3)
```
   3 4
−    7
─────
   2 7
```

(4)
```
   1 5
−    8
─────
     7
```
(5)
```
   4 2
−    6
─────
   3 6
```
(6)
```
   6 1
−    7
─────
   5 4
```

(7)
```
     7
+  7 7
─────
   8 4
```
(8)
```
   4 5
+    9
─────
   5 4
```
(9)
```
   2 0
−    3
─────
   1 7
```

🔊 **ポイント**
❶は繰り上がりのないたし算、❷は繰り上がり，
繰り下がりのあるたし算とひき算です。どちらも
位に気を付けて計算させましょう。

42 （2けた+2けた）の ひっ算① 85ページ

❶
(1)
```
   8 3
+  1 5
─────
   9 8
```
(2)
```
   2 1
+  4 2
─────
   6 3
```
(3)
```
   3 2
+  6 6
─────
   9 8
```

(4)
```
   2 4
+  2 0
─────
   4 4
```
(5)
```
   7 1
+  2 6
─────
   9 7
```
(6)
```
   5 4
+  1 2
─────
   6 6
```

(7)
```
   1 3
+  2 3
─────
   3 6
```
(8)
```
   6 4
+  2 1
─────
   8 5
```
(9)
```
   3 7
+  5 2
─────
   8 9
```

(10)
```
   2 5
+  3 3
─────
   5 8
```
(11)
```
   4 1
+  2 8
─────
   6 9
```
(12)
```
   3 4
+  2 3
─────
   5 7
```

(13)
```
   4 3
+  1 5
─────
   5 8
```
(14)
```
   2 6
+  4 1
─────
   6 7
```
(15)
```
   3 2
+  4 6
─────
   7 8
```

🔊 **ポイント**
繰り上がりのない、2桁どうしのたし算の筆算です。
今まで学習した2桁＋1桁の筆算と同様に、一の位
から順に計算させましょう。
位を縦にそろえて書かせることが、これ以降の計算
ミス防止につながります。

43 （2けた+2けた）の ひっ算② 87ページ

❶
(1)
```
   2 8
+  3 5
─────
   6 3
```
(2)
```
   2 7
+  1 8
─────
   4 5
```
(3)
```
   1 9
+  5 7
─────
   7 6
```

(4)
```
   3 4
+  4 8
─────
   8 2
```
(5)
```
   1 1
+  3 9
─────
   5 0
```
(6)
```
   5 7
+  2 4
─────
   8 1
```

(7)
```
   6 6
+  2 6
─────
   9 2
```
(8)
```
   3 8
+  2 3
─────
   6 1
```
(9)
```
   4 7
+  2 6
─────
   7 3
```

(10)
```
   5 3
+  3 7
─────
   9 0
```
(11)
```
   3 9
+  4 8
─────
   8 7
```
(12)
```
   4 6
+  2 5
─────
   7 1
```

🔊 **ポイント**
繰り上がりのある、2桁どうしのたし算の筆算です。
一の位から順に計算させましょう。繰り上がりが
あるときは、十の位の上に小さく1を書かせるよう
にしましょう。

❶
(1)
```
    1
   2 8
+  3 5
─────
   6 3
```
(2)
```
    1
   2 7
+  1 8
─────
   4 5
```
(3)
```
    1
   1 9
+  5 7
─────
   7 6
```

44 （2けた＋2けた）の ひっ算③ 89ページ

❶
(1) 18 ＋64 ＝ 82　(2) 39 ＋25 ＝ 64　(3) 46 ＋37 ＝ 83

(4) 16 ＋15 ＝ 31　(5) 22 ＋28 ＝ 50　(6) 56 ＋38 ＝ 94

(7) 27 ＋49 ＝ 76　(8) 18 ＋53 ＝ 71　(9) 45 ＋27 ＝ 72

❷
(1) 38 ＋26 ＝ 64　(2) 55 ＋25 ＝ 80　(3) 37 ＋47 ＝ 84

(4) 23 ＋18 ＝ 41　(5) 75 ＋16 ＝ 91　(6) 32 ＋29 ＝ 61

(7) 67 ＋18 ＝ 85　(8) 13 ＋48 ＝ 61　(9) 45 ＋48 ＝ 93

45 （何十＋何十）の 計算 91ページ

❶
(1) 120　(2) 150　(3) 110　(4) 110
(5) 100　(6) 130　(7) 170　(8) 120
(9) 160　(10) 130　(11) 140　(12) 120
(13) 180　(14) 140　(15) 100　(16) 120
(17) 100　(18) 120　(19) 150　(20) 160
(21) 110　(22) 130　(23) 110　(24) 150
(25) 110　(26) 100　(27) 140　(28) 130
(29) 110　(30) 170

🔊 **ポイント**
❶百の位に繰り上がりのある何十＋何十の計算です。
(1)40は10のまとまりが4こ、80は10のまとまりが8こで、4＋8＝12なので、120となります。

46 （2けた＋2けた）の ひっ算④ 93ページ

❶
(1) 36 ＋80 ＝ 116　(2) 67 ＋70 ＝ 137　(3) 51 ＋88 ＝ 139

(4) 83 ＋39 ＝ 122　(5) 69 ＋42 ＝ 111　(6) 78 ＋66 ＝ 144

(7) 58 ＋54 ＝ 112　(8) 75 ＋96 ＝ 171　(9) 57 ＋77 ＝ 134

(10) 96 ＋27 ＝ 123　(11) 67 ＋84 ＝ 151　(12) 35 ＋95 ＝ 130

🔊 **ポイント**
❶繰り上がりのあるたし算の筆算です。

(4) 83 ＋39 ＝ 122　(5) 69 ＋42 ＝ 111　(6) 78 ＋66 ＝ 144

百の位に繰り上がりのあるたし算の筆算です。
繰り上がりの数1をそのまま＋の記号の下に書きます。
(4)繰り上がりが2回あります。繰り上がった数のたし忘れが無いか、最後に確認させましょう。

47 （2けた+2けた）の ひっ算⑤ 95ページ

❶

(1)	(2)	(3)
94 +37 131	87 +45 132	43 +57 100
(4)	(5)	(6)
98 +43 141	64 +47 111	36 +66 102
(7)	(8)	(9)
57 +97 154	86 +99 185	64 +96 160

❷

(1)	(2)	(3)
37 +86 123	77 +26 103	48 +78 126
(4)	(5)	(6)
86 +65 151	67 +96 163	63 +67 130
(7)	(8)	(9)
35 +76 111	44 +88 132	93 +79 172

48 まとめの テスト❽ 97ページ

❶

(1)	(2)	(3)
55 +24 79	63 +26 89	12 +47 59
(4)	(5)	(6)
61 +29 90	28 +36 64	82 +64 146
(7)	(8)	(9)
67 +91 158	50 +50 100	40 +70 110

❷

(1)	(2)	(3)
49 +82 131	56 +46 102	69 +74 143
(4)	(5)	(6)
87 +35 122	57 +66 123	78 +89 167
(7)	(8)	(9)
79 +33 112	36 +68 104	64 +76 140

49 （2けた-1けた）と（2けた-2けた）の ひっ算 99ページ

❶

(1)	(2)	(3)
28 − 5 23	36 − 6 30	65 − 2 63
(4)	(5)	(6)
18 − 4 14	64 − 3 61	97 − 2 95

❷

(1)	(2)	(3)
57 −24 33	64 −44 20	49 −38 11
(4)	(5)	(6)
38 −32 6	83 −61 22	59 −16 43
(7)	(8)	(9)
86 −55 31	46 −23 23	77 −23 54

◁)) **ポイント**

繰り下がりのないひき算の筆算です。筆算では、位を縦にそろえて書かせましょう。1桁の数を十の位に書かせないようにしてください。

❷(4)十の位が0のとき、0を書かないように気を付けさせましょう。

```
  38
− 32
   6  ← ──────［0は書かない。］
```

50 （2けた−2けた）の　ひっ算① 101ページ

❶
(1)	(2)	(3)
47 −18 29	65 −29 36	51 −28 23

(4)	(5)	(6)
43 −15 28	51 −38 13	54 −29 25

(7)	(8)	(9)
74 −17 57	42 −25 17	61 −16 45

(10)	(11)	(12)
84 −26 58	67 −28 39	42 −23 19

◁》 ポイント
繰り下がりのあるひき算の筆算です。繰り下がりがあるときには、借りてきた桁の数を１つ減らすことに注意させましょう。

❶(1)　4̸7（3）
　　−18
　　　29

(2)　6̸5（5）
　　−29
　　　36

(3)　5̸1（4）
　　−28
　　　23

51 （2けた−2けた）の　ひっ算② 103ページ

❶
(1)	(2)	(3)
86 −12 74	54 −29 25	46 −40 6

(4)	(5)	(6)
37 −28 9	61 −30 31	54 −22 32

(7)	(8)	(9)
63 −48 15	67 −36 31	62 −38 24

(10)	(11)	(12)
30 −17 13	43 −39 4	37 −35 2

(13)	(14)	(15)
72 −55 17	44 −29 15	87 −62 25

◁》 ポイント
繰り下がりのあるひき算と繰り下がりのないひき算の筆算が混じった問題です。繰り下がりがあるのかないのかの判断ができるようにさせましょう。

52 （百何十−何十）の　計算 105ページ

❶
(1)80	(2)30	(3)50	(4)60
(5)90	(6)80	(7)60	(8)60
(9)20	(10)80	(11)90	(12)30
(13)70	(14)50	(15)40	(16)80
(17)70	(18)10	(19)70	(20)90
(21)40	(22)90	(23)80	(24)40
(25)70	(26)90	(27)60	(28)90
(29)70	(30)20		

◁》 ポイント
ひかれる数、ひく数が、それぞれ10のまとまりがいくつかを考え、10のまとまりの数のちがいに注目させましょう

53 （3けた－2けた）の ひっ算① 107ページ

❶

(1)	137	(2)	163	(3)	154
	− 53		− 81		− 63
	84		82		91

(4)	129	(5)	171	(6)	128
	− 59		− 90		− 75
	70		81		53

(7)	156	(8)	139	(9)	118
	− 75		− 86		− 74
	81		53		44

❷

(1)	117	(2)	163	(3)	134
	− 53		− 47		− 61
	64		116		73

(4)	187	(5)	131	(6)	154
	− 49		− 15		− 27
	138		116		127

◁》 ポイント
❶❷繰り下がりが1回あるひき算の筆算です。今までと同様に、繰り下げたあとにいくつになったのか、書き残すようにさせましょう。

54 （3けた－2けた）の ひっ算② 109ページ

❶

(1)	105	(2)	102	(3)	104
	− 58		− 83		− 36
	47		19		68

(4)	102	(5)	106	(6)	108
	− 85		− 48		− 99
	17		58		9

(7)	841	(8)	530	(9)	245
	− 52		− 63		− 87
	789		467		158

(10)	362	(11)	514	(12)	377
	− 39		− 66		− 89
	323		448		288

◁》 ポイント
❶繰り下がりが2回あるひき算の筆算です。

(1) X05
− 58
47

(2) X02
− 83
19

(3) X04
− 36
68

(7) 8⁷4³1
− 52
789

(8) 5⁴3²0
− 63
467

(9) 2¹4³5
− 87
158

55 （何百＋何百）と （何百－何百）の 計算 111ページ

❶
(1) 600	(2) 900	(3) 700
(4) 800	(5) 900	(6) 500
(7) 1000	(8) 1000	(9) 500
(10) 900	(11) 800	(12) 1000

❷
(1) 300	(2) 500	(3) 200
(4) 700	(5) 600	(6) 100
(7) 200	(8) 100	(9) 300
(10) 300	(11) 300	(12) 900

◁》 ポイント
❶100の倍数の筆算です。

(1)　　100　　一の位はどちらも0なので、0、
　　＋500　　十の位はどちらも0なので、0、
　　　600　　百の位は1＋5＝6です。

56 まとめの テスト❾　113ページ

❶
(1)
```
  4 7
－   3
─────
  4 4
```
(2)
```
  2 9
－   9
─────
  2 0
```
(3)
```
  6 8
－   4
─────
  6 4
```

(4)
```
  3 8
－1 6
─────
  2 2
```
(5)
```
  2 9
－1 8
─────
  1 1
```
(6)
```
  4 6
－1 9
─────
  2 7
```

(7)
```
  5 2
－2 7
─────
  2 5
```
(8)
```
  7 4
－3 6
─────
  3 8
```
(9)
```
  8 1
－3 7
─────
  4 4
```

❷
(1)
```
  1 2 5
－   4 4
───────
    8 1
```
(2)
```
  1 8 3
－   9 2
───────
    9 1
```
(3)
```
  1 2 7
－   1 8
───────
  1 0 9
```

(4)
```
  1 0 4
－   3 7
───────
    6 7
```
(5)
```
  1 0 1
－   5 2
───────
    4 9
```
(6)
```
  2 6 1
－   3 8
───────
  2 2 3
```

❸ (1)700　(2)1000　(3)70
　(4)400

57 パズル❸　115ページ

❶ たされる数…4　たす数…48
❷ たされる数…16　たす数…84
❸ ひかれる数…83　ひく数…46
❹ ひかれる数…112　ひく数…87

📢 **ポイント**
リストから2つの数を選び、問題文に合う組み合わせを求める問題です。すべての組み合わせを試して答えを求めてもよいですが、一の位に着目すると、組み合わせを絞ることができます。
❶では問題文に書かれた52の一の位が2なので、

たされる数とたす数のそれぞれの一の位をたした答えが2または12となるものを探すと、4と48の組み合わせであることがわかります。実際にたしてみると、
　4＋48＝52
です。
❷では問題文に書かれた100の一の位が0なので、たされる数とたす数のそれぞれの一の位をたした答えが0または10となるものを探すと、16と54の組み合わせと16と84の組み合わせであることがわかります。実際にたしてみると、
　16＋54＝70
　16＋84＝100
なので、答えは16と84の組み合わせであることがわかります。
❸では問題文に書かれた37の一の位が7なので、ひかれる数からひく数のそれぞれの一の位をひいた答えが7あるいはひかれる数に10を加えた数からひく数のそれぞれの一の位をひいた答えが7となるものを探すと、83と46の組み合わせであることがわかります。実際にひいてみると、
　83－46＝37
です。
❹では問題文に書かれた25の一の位が5なので、ひかれる数からひく数のそれぞれの一の位をひいた答えが5あるいはひかれる数に10を加えた数からひく数のそれぞれの一の位をひいた答えが5となるものを探すと、106と71の組み合わせと112と87の組み合わせと138と53の組み合わせであることがわかります。実際にひいてみると、
　106－71＝35
　112－87＝25
　138－53＝85
なので、答えは112と87の組み合わせであることがわかります。

58 （3けた＋3けた）の　ひっ算①　117ページ

❶ (1)796　(2)799　(3)566　(4)993
　(5)634　(6)667　(7)887　(8)548
　(9)698　(10)884　(11)270　(12)472
　(13)539　(14)638　(15)489　(16)577
　(17)957　(18)868

📢 **ポイント**
❶繰り上がりのない、3桁と3桁のたし算の筆算です。2桁と2桁の筆算と同じように、位をそろえて一の位から順に計算します。

(1)
```
  6 3 2    一の位の計算…2＋4＝6
＋1 6 4    十の位の計算…3＋6＝9
───────
  7 9 6    百の位の計算…6＋1＝7
```

59 （3けた＋3けた）の　ひっ算②　119ページ

❶ (1)975　(2)539　(3)611　(4)430
　(5)756　(6)472　(7)924　(8)938
　(9)779　(10)952　(11)740　(12)836
　(13)667　(14)808　(15)935　(16)600
　(17)832　(18)915

📢 **ポイント**
❶繰り上がりのあるたし算の筆算です。一の位から順に計算させましょう。繰り上がりがあるときは、繰り上がった桁の上に小さく1を書かせるようにしましょう。

(1)

```
    1
  1 5 6    一の位の計算…6＋9＝15
＋8 1 9    筆算の一の位の答えは5
───────
  9 7 5    1は十の位に繰り上げ
           十の位の計算…1＋5＋1＝7
           百の位の計算…1＋8＝9
```

60 （3けた+3けた）の ひっ算③ 121ページ

❶
(1) 1034　(2) 1209　(3) 1296
(4) 1088　(5) 1128　(6) 1085
(7) 1347　(8) 1269　(9) 1175
(10) 1184　(11) 1495　(12) 1361
(13) 1550　(14) 1539　(15) 1547
(16) 1026　(17) 1171　(18) 1702

🔊 **ポイント**

❶ 千の位に繰り上がりのあるたし算の筆算です。繰り上がりの数1をそのまま＋の記号の下に書きます。

(1)
```
  7 4 1
+ 2 9 3
1 0 3 4
```
↑ ここに1を書きます。

(2)
```
  8 8 4
+ 3 2 5
1 2 0 9
```

(3)
```
  5 8 7
+ 7 0 9
1 2 9 6
```

(4)
```
  2 5 3
+ 8 3 5
1 0 8 8
```

(5)
```
  6 5 1
+ 4 7 7
1 1 2 8
```

(6)
```
  9 2 7
+ 1 5 8
1 0 8 5
```

(7)
```
  5 1 0
+ 8 3 7
1 3 4 7
```

(8)
```
  8 4 3
+ 4 2 6
1 2 6 9
```

(9)
```
  6 2 9
+ 5 4 6
1 1 7 5
```

61 （4けた+4けた）のひっ算① 123ページ

❶
(1) 8539　(2) 9999　(3) 5969
(4) 2986

❷
(1) 6892　(2) 9230　(3) 7339
(4) 7821　(5) 13973　(6) 11437
(7) 13359　(8) 12682

🔊 **ポイント**

❶ 桁数が増えても、2桁や3桁のときと筆算の仕方は同じです。一の位から順に計算させましょう。

(1)
```
  6 2 9 1
+ 2 3 0 2
  8 5 9 3
```

(2)
```
  8 7 6 9
+ 1 2 3 0
  9 9 9 9
```

❷ 繰り上がりがあるときは、小さく1を書かせるようにしましょう。

(1)
```
  1 0 6 6
+ 5 8 2 6
  6 8 9 2
```

(2)
```
  8 1 5 1
+ 1 0 7 9
  9 2 3 0
```

(3)
```
  3 1 4 6
+ 4 1 9 3
  7 3 3 9
```

(4)
```
  5 5 0 8
+ 2 3 1 3
  7 8 2 1
```

(5)
```
  6 2 5 9
+ 7 7 1 4
1 3 9 7 3
```

(6)
```
  2 2 7 8
+ 9 1 5 9
1 1 4 3 7
```

(7)
```
  3 8 6 4
+ 9 4 9 5
1 3 3 5 9
```

(8)
```
  4 2 9 4
+ 8 3 8 8
1 2 6 8 2
```

62 （4けた+4けた）の ひっ算② 125ページ

❶
(1) 5789　(2) 5695　(3) 8719
(4) 7987　(5) 4558　(6) 8688
(7) 6877　(8) 9307

❷
(1) 8257　(2) 4843　(3) 8148
(4) 11105　(5) 5702　(6) 9711
(7) 11197　(8) 12753

🔊 **ポイント**

❶ 一の位から順に計算させましょう。

(1)
```
  2 5 1 7
+ 3 2 7 2
  5 7 8 9
```

(2)
```
  1 2 7 4
+ 4 4 2 1
  5 6 9 5
```

❷ 繰り上がりがあるときは、小さく1を書かせるようにしましょう。

(1)
```
  4 3 6 8
+ 3 8 8 9
  8 2 5 7
```

(2)
```
  2 2 0 6
+ 2 6 3 7
  4 8 4 3
```

(3)
```
  3 3 9 2
+ 4 7 5 6
  8 1 4 8
```

(4)
```
  7 0 1 7
+ 4 0 8 8
1 1 1 0 5
```

(5)
```
  1 3 8 1
+ 4 3 2 1
  5 7 0 2
```

(6)
```
  6 2 8 1
+ 3 4 3 0
  9 7 1 1
```

(7)
```
  7 3 8 8
+ 3 8 0 9
1 1 1 9 7
```

(8)
```
  4 8 8 1
+ 7 8 7 2
1 2 7 5 3
```

❶ (1) 285　(2) 646　(3) 748
　(4) 597　(5) 783　(6) 665
　(7) 258　(8) 787　(9) 759
　(10) 1783　(11) 1136　(12) 1249
❷ (1) 8977　(2) 8868　(3) 10274
　(4) 10101　(5) 6019　(6) 6154
　(7) 9223　(8) 9072

◁» ポイント
❶位をそろえて一の位から順に計算します。

(1)　　43
　　＋242
　　　285

(2)　　15
　　＋631
　　　646

(3)　　28
　　＋720
　　　748

(4)　573
　　＋　24
　　　597

(5)　728
　　＋　55
　　　783

(6)　608
　　＋　57
　　　665

(7)　125
　　＋133
　　　258

(8)　442
　　＋345
　　　787

(9)　412
　　＋347
　　　759

❷

(1)　4870
　　＋4107
　　　8977

(2)　6625
　　＋2243
　　　8868

(3)　6379
　　＋3895
　　10274

(4)　3972
　　＋6129
　　10101

❶ (1) 210　(2) 302　(3) 692　(4) 517
　(5) 164　(6) 801　(7) 340　(8) 511
　(9) 602
❷ (1) 462　(2) 420　(3) 523　(4) 107
　(5) 25　(6) 356　(7) 315　(8) 512
　(9) 21　(10) 312　(11) 352　(12) 264

◁» ポイント
❶3桁のひき算の筆算です。2桁の筆算のときと同じように、位をそろえて一の位から順に計算します。

(1)　370　一の位　　…0
　　−160　十の位の計算…7−6＝1
　　　210　百の位の計算…3−1＝2

(2)　572
　　−270
　　　302

(3)　893
　　−201
　　　692

❷繰り下がりのないひき算の筆算です。

(1)　683　一の位の計算…3−1＝2
　　−221　十の位の計算…8−2＝6
　　　462　百の位の計算…6−2＝4

(2)　565
　　−145
　　　420

(3)　936
　　−413
　　　523

❶ (1) 290　(2) 175　(3) 138　(4) 196
　(5) 387　(6) 279　(7) 115　(8) 457
　(9) 161
❷ (1) 588　(2) 158　(3) 53　(4) 97
　(5) 314　(6) 307　(7) 188　(8) 277
　(9) 8　(10) 166　(11) 279　(12) 5

◁» ポイント
❶繰り下がりのあるひき算の筆算です。繰り下がりがあるときには、借りてきた桁の数を1つ減らすことに注意させましょう。

(1)　580　一の位　　…0
　　−290　十の位の計算…18−9＝9
　　　290　百の位の計算…4−2＝2

(2)　783
　　−608
　　　175

(3)　847
　　−709
　　　138

(4)　666
　　−470
　　　196

(5)　593
　　−206
　　　387

(6)　759
　　−480
　　　279

❷

(1)　907
　　−319
　　　588

(2)　454
　　−296
　　　158

(3)　612
　　−559
　　　53

66 （3けた-3けた）の ひっ算③ 133ページ

❶ (1)229　(2)581　(3)94　(4)90
　(5)4　(6)602
❷ (1)252　(2)336　(3)41　(4)557
　(5)266　(6)412　(7)322　(8)164
　(9)112　(10)286　(11)335　(12)175

◁》ポイント
❶繰り下がりのあるひき算の筆算です。一の位から順に、丁寧に計算させましょう。

(1)　356
　 −127
　　229

(2)　834
　 −253
　　581

(3)　847
　 −753
　　 94

(4)　786
　 −696
　　 90

(5)　210
　 −206
　　　4

(6)　741
　 −139
　　602

❷
(1)　539
　 −287
　　252

(2)　711
　 −375
　　336

(3)　600
　 −559
　　 41

(4)　936
　 −379
　　557

(5)　700
　 −434
　　266

(6)　659
　 −247
　　412

(7)　489
　 −167
　　322

(8)　382
　 −218
　　164

(9)　269
　 −157
　　112

67 （4けた-3けた）の ひっ算 135ページ

❶ (1)1687　(2)2560　(3)5608
　(4)6790　(5)567　(6)3554
❷ (1)4825　(2)7697　(3)7970
　(4)5780　(5)2383　(6)3496
　(7)8999　(8)778

◁》ポイント
❶桁数が増えても、2桁や3桁のときと筆算の仕方は同じです。一の位から順に計算させましょう。

(1)　2063　　一の位の計算…13−6=7
　 − 376　　十の位の計算…15−7=8
　　1687　　百の位の計算…9−3=6
　　　　　　千の位　　　…1

(2)　3302　　一の位の計算…2−2=0
　 − 742　　十の位の計算…10−4=6
　　2560　　百の位の計算…12−7=5
　　　　　　千の位　　　…2

❷繰り下がりのあるひき算の筆算です。

(1)　5720
　 − 895
　　4825

(2)　7931
　 − 234
　　7697

68 （4けた-4けた）の ひっ算 137ページ

❶ (1)3637　(2)991　(3)5074
　(4)1177　(5)779　(6)5579
❷ (1)652　(2)3265　(3)621
　(4)2596　(5)3260　(6)438
　(7)4215　(8)36

◁》ポイント
❶桁数が増えても、2桁や3桁のときと筆算の仕方は同じです。一の位から順に計算させましょう。

(1)　9550
　 −5913
　　3637

(2)　4114
　 −3123
　　 991

(3)　6982
　 −1908
　　5074

(4)　2712
　 −1535
　　1177

❷
(1)　3304
　 −2652
　　 652

(2)　7440
　 −4175
　　3265

(3)　2659
　 −2038
　　 621

(4)　4034
　 −1438
　　2596

69 4けたからひく ひき算の ひっ算 139ページ

❶ (1)1259 (2)2320 (3)4993
(4)8221 (5)2724 (6)3967
❷ (1)104 (2)978 (3)2847
(4)7866 (5)4105 (6)5117
(7)3800 (8)1043

🔊 ポイント

❶

(1)
$$\begin{array}{r} 13\overset{2}{3}\overset{2}{7} \\ -\ \ 78 \\ \hline 1259 \end{array}$$

(2)
$$\begin{array}{r} 7\overset{6}{2}60 \\ -4940 \\ \hline 2320 \end{array}$$

(3)
$$\begin{array}{r} 5\overset{4}{0}\overset{9}{0}\overset{9}{0} \\ -\ \ \ 7 \\ \hline 4993 \end{array}$$

(4)
$$\begin{array}{r} 9949 \\ -1728 \\ \hline 8221 \end{array}$$

❷

(1)
$$\begin{array}{r} 8649 \\ -8545 \\ \hline 104 \end{array}$$

(2)
$$\begin{array}{r} 9\overset{8}{8}\overset{7}{4}\overset{3}{4} \\ -8866 \\ \hline 978 \end{array}$$

(3)
$$\begin{array}{r} 3\overset{2}{0}\overset{4}{5}1 \\ -\ 204 \\ \hline 2847 \end{array}$$

(4)
$$\begin{array}{r} 79\overset{8}{6}\overset{5}{5} \\ -\ \ 99 \\ \hline 7866 \end{array}$$

(5)
$$\begin{array}{r} 42\overset{1}{2}3 \\ -\ 118 \\ \hline 4105 \end{array}$$

(6)
$$\begin{array}{r} 7\overset{6}{0}\overset{9}{0}\overset{9}{0} \\ -1883 \\ \hline 5117 \end{array}$$

70 まとめの テスト⑪ 141ページ

❶ (1)164 (2)314 (3)100
(4)302 (5)507 (6)185
(7)533 (8)651 (9)276
(10)52 (11)205 (12)177
❷ (1)2015 (2)5688 (3)1727
(4)4926 (5)3979 (6)6899
(7)2413 (8)605

🔊 ポイント

❶

(1)
$$\begin{array}{r} 787 \\ -623 \\ \hline 164 \end{array}$$

(2)
$$\begin{array}{r} 654 \\ -340 \\ \hline 314 \end{array}$$

(3)
$$\begin{array}{r} 576 \\ -476 \\ \hline 100 \end{array}$$

(4)
$$\begin{array}{r} 505 \\ -203 \\ \hline 302 \end{array}$$

(5)
$$\begin{array}{r} 6\overset{6}{7}5 \\ -168 \\ \hline 507 \end{array}$$

(6)
$$\begin{array}{r} \overset{3}{4}\overset{2}{3}2 \\ -247 \\ \hline 185 \end{array}$$

❷

(1)
$$\begin{array}{r} 2977 \\ -\ 962 \\ \hline 2015 \end{array}$$

(2)
$$\begin{array}{r} 6\overset{5}{3}\overset{2}{0}9 \\ -\ 621 \\ \hline 5688 \end{array}$$

(3)
$$\begin{array}{r} 3799 \\ -2072 \\ \hline 1727 \end{array}$$

(4)
$$\begin{array}{r} 6\overset{5}{7}\overset{4}{5}4 \\ -1828 \\ \hline 4926 \end{array}$$

(5)
$$\begin{array}{r} 4\overset{3}{0}\overset{9}{0}\overset{9}{0} \\ -\ \ 21 \\ \hline 3979 \end{array}$$

(6)
$$\begin{array}{r} 7\overset{6}{0}\overset{9}{0}\overset{9}{0} \\ -\ 101 \\ \hline 6899 \end{array}$$

71 1億までの 数の たし算・ひき算① 143ページ

❶ (1)6千 (2)5万 (3)4千
(4)60万 (5)50万 (6)54万
(7)67万 (8)23万 (9)99万
(10)12万
❷ (1)12万 (2)4万 (3)91万
(4)83万 (5)28万 (6)17万
(7)95万 (8)29万 (9)110万
❸ (1)800万 (2)600万 (3)706万
(4)4600万

🔊 ポイント

大きい数のたし算・ひき算のときも、計算の仕方は変わりません。千や万のかたまりが何個あるのか、考えながら解くようにさせましょう。

❶(1)千が、2+4=6(個)です。
(2)1万が、3+2=5(個)です。
(3)千が、9−5=4(個)です。
(4)1万が、10+50=60(個)です。
(5)1万が、70−20=50(個)です。
(6)1万が、23+31=54(個)です。
(7)1万が、41+26=67(個)です。
(8)1万が、76−53=23(個)です。
(9)1万が、32+67=99(個)です。
(10)1万が、25−13=12(個)です。
❸計算につまずくようなら、筆算をさせて解かせましょう。

(3)
$$\begin{array}{r} \overset{1}{4}32(万) \\ +274(万) \\ \hline 706(万) \end{array}$$

72　1億までの　数の　たし算・ひき算② 145ページ

❶ (1) 9000　　　　(2) 8000
　 (3) 4000　　　　(4) 7000
　 (5) 300000　　　(6) 800000
　 (7) 870000　　　(8) 1000000
❷ (1) 13000　　　 (2) 10000
　 (3) 90000　　　 (4) 910000
　 (5) 11000000　 (6) 20000
　 (7) 8860000　　(8) 65000000
　 (9) 90000000　 (10) 90000000

◁)) ポイント
0の個数が多いので計算ミスもしやすくなります。
0が何個ある式なのか注意して解かせましょう。
❶(1) 1000が、4＋5＝9(個)です。
(2) 1000が、2＋6＝8(個)です。
(3) 1000が、7－3＝4(個)です。
(4) 1000が、3＋4＝7(個)です。
(8) 10000が、132－32＝100(個)です。
❷繰り上がりや繰り下がりにより、0の個数が変化
します。足す数や足される数に書かれている0の
個数と、答えの0の個数が同じとは限らない点に注
意させましょう。
(2) 1000が、5＋5＝10(個)です。
(9) 10000000が、10－1＝9(個)です。

73　1兆までの　数の　たし算・ひき算 147ページ

❶ (1) 4億　　　(2) 9億　　　(3) 6億
　 (4) 30億　　 (5) 60億　　 (6) 37億
　 (7) 89億　　 (8) 51億　　 (9) 77億
　 (10) 23億
❷ (1) 14億　　 (2) 6億　　　(3) 83億
　 (4) 61億　　 (5) 34億　　 (6) 4億
　 (7) 91億　　 (8) 37億　　 (9) 120億
❸ (1) 700億　　(2) 600億　　(3) 909億
　 (4) 5300億

◁)) ポイント
大きい数のたし算・ひき算のときも、計算の仕方は
変わりません。1億というかたまりが何個あるのか
考えさせて解かせましょう。
❶(1) 1億が、3＋1＝4(個)です。
(2) 1億が、5＋4＝9(個)です。
(3) 1億が、8－2＝6(個)です。
(4) 1億が、20＋10＝30(個)です。
❷(4) 1億が、26＋35＝61(個)です。
❸計算に詰まるようなら、筆算をさせて解かせま
しょう。

```
(3)    ¹5 3 8 (億)
    ＋  3 7 1 (億)
    ─────────────
       9 0 9 (億)
```

74　およその　数の　たし算・ひき算 149ページ

❶ (1) 9300　　　(2) 23000
　 (3) 74000　　 (4) 2400000
❷ (1) 56000　　 (2) 2000
　 (3) 22000　　 (4) 93000
　 (5) 14000　　 (6) 1298000

◁)) ポイント
「上から○桁」や「○の位まで」の概数とする場合は、
その1つ下の位を四捨五入して概数にします。四
捨五入するときは、その位の数字が0、1、2、3、
4のときは切り捨て、5、6、7、8、9のときは切
り上げます。
❶上から2桁の概数にするので、上から3桁目の
位を四捨五入します。
(1) 27<u>4</u>9→2700
　 65<u>8</u>7→6600
　 2700＋6600＝9300
(2) 35<u>2</u>35→35000
　 12<u>4</u>53→12000
　 35000－12000＝23000
❷千の位までの概数にするので、百の位を四捨五
入します。
(1) 37562→38000
　 18280→18000
　 38000＋18000＝56000
(2) 5738→6000
　 4342→4000
　 6000－4000＝2000

❶(1)10　(2)2　(3)15　(4)5
(5)1　(6)9　(7)4　(8)6
(9)4
❷(1)91　(2)31　(3)7　(4)47
(5)9　(6)13　(7)110　(8)91
❸322

🔊 ポイント
たし算・ひき算は、以下の順に計算します。
ア　普通は、左から順に計算します。
イ　（　）のある式は、（　）の中を先に計算します。
特に（　）の前に－がある場合は、順序を誤ると答え
が変わるので注意させましょう。計算の順序に慣
れていないようなら、＋－の記号の下に計算する順
の番号をつけてから、計算させましょう。
❶(1)18－(2＋6)＝18－8
＝10
(3)17－(4＋3－5)＝17－(7－5)
＝17－2
＝15
(7)(9－4)－(3－2)＝5－(3－2)
＝5－1
＝4
❷(6)55－(35＋52－45)＝55－(87－45)
＝55－42
＝13
❸372－(96－43－3)＝372－(53－3)
＝372－50
＝322

❶(1)795万　(2)289万
❷(1)9000　(2)1000　(3)13000
(4)9000　(5)250000
(6)720000
❸(1)831億　(2)3200億
❹(1)9100　(2)12000　(3)550000
❺(1)2　(2)0　(3)41
(4)3　(5)56

🔊 ポイント
❶(1)1万が、472＋323＝795(個)です。
(2)1万が、683－394＝289(個)です。
❷0の個数が多いので計算ミスもしやすくなります。
0が何個ある式なのか注意して解かせましょう。
(1)1000が、3＋6＝9(個)です。
(2)1000が、7－6＝1(個)です。
❸1億というかたまりが何個あるのか考えさせて解
かせましょう。計算に詰まるようなら、筆算をさ
せて解かせましょう。
(1)　585
　＋246
　　831　なので、
1億が、585＋246＝831(個)です。
❹上から2桁の概数にするので、上から3桁目の
位を四捨五入します。
❺(1)13－(5＋6)＝13－11
＝2
(2)7－(10－3)＝7－7
＝0

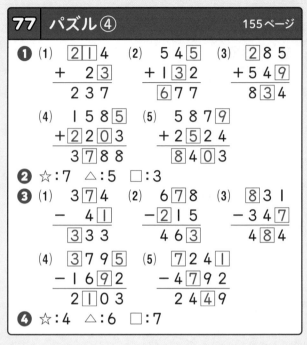

❷☆:7　△:5　□:3
❹☆:4　△:6　□:7

🔊 ポイント
❶一の位から順に穴を埋めていきます。(3)と(5)は
繰り上がりがありますので、一つ上の位を検討する
ときに、繰り上がりの1をたし忘れないよう注意さ
せてください。
❷一の位が5＋8＝13であることから、十の位に
繰り上がりがあることがわかります。また、百の
位が2＋3で答えが6であることから、十の位から
1繰り上がっていることがわかります。そのため、
十の位は1＋☆＋△＝1□という関係となります。
❸一の位から順に穴を埋めていきます。(3)と(5)は
繰り下がりがありますので、一つ上の位を検討する
ときに、繰り下がりの1をひき忘れないよう注意さ
せてください。

❹一の位で2から7はひけないことから、十の位から1繰り下げて計算していることがわかります。また、百の位が8-3で答えが4であることから、十の位へ1繰り下げていることがわかります。よって、十の位は1☆-1-△=□という関係になります。

157ページ

78 そうふくしゅう①

❶ (1) 5　　(2) 9　　(3) 10　　(4) 2
　 (5) 8　　(6) 0　　(7) 4　　(8) 5
　 (9) 4　　(10) 2　　(11) 8　　(12) 6
　 (13) 10

❷ (1) 10　(2) 19　(3) 14　(4) 11
　 (5) 17　(6) 12　(7) 19　(8) 18
　 (9) 13　(10) 10　(11) 19　(12) 12
　 (13) 17　(14) 11

❸ (1) 5　　(2) 3　　(3) 8　　(4) 2
　 (5) 15　(6) 6　　(7) 17　(8) 3

🔊 ポイント

❶繰り上がり、繰り下がりのない1桁のたし算とひき算の計算です。たし算とひき算が混じっています。間違えないように計算させましょう。

❷繰り上がり、繰り下がりのない20までの数のたし算とひき算の計算です。10はそのままで、一の位だけ計算させましょう。

❸(5)(6)(7)(8)初めの2つの数の和や差が10になる計算です。繰り上がり、繰り下がりのない問題なので、必ず10を経由します。そうならない場合は計算間違いですので、よく見直しをさせてください。

159ページ

79 そうふくしゅう②

❶ (1) 5　　(2) 15　(3) 6　　(4) 3
　 (5) 100　(6) 67　(7) 30　(8) 52

❷

```
 (1)   34      (2)   56      (3)   67
     +  3          -  4          +  6
     ────          ────          ────
       37            52            73

 (4)   71      (5)   66      (6)   26
     -  8          -22          +61
     ────          ────          ────
       63            44            87

 (7)   45      (8)   82      (9)   60
     +29          -16          +50
     ────          ────          ────
       74            66           110

(10)  275     (11)  368     (12)  500
     + 46          - 79          +400
     ────          ────          ────
      321           289           900
```

🔊 ポイント

❶(1)(3)(4)繰り下がりのあるひき算の計算です。
(2)繰り上がりのあるたし算の計算です。
(5)(6)(7)(8)100までの繰り上がり、繰り下がりのない計算です。

❷3桁までの筆算の計算です。位をそろえて一の位から順に計算します。

80 そうふくしゅう③ 161ページ

❶ (1) 399　(2) 320　(3) 804
(4) 1331　(5) 302　(6) 245
(7) 5979　(8) 8487
(9) 6298　(10) 3843

❷ (1) 685万　(2) 434億　(3) 15
(4) 14　(5) 72

❸ (1) 2700　(2) 5000

🔊 ポイント

❶ 4桁までの筆算の計算です。位をそろえて一の位から順に計算します。繰り上がり、繰り下がりに注意して解かせましょう。

❷ (1) 1万が、471 + 214 = 685(個)です。
(2) 1億が、758 - 324 = 434(個)です。
(3) 27 - (<u>4 + 8</u>) = 27 - 12
　　　　　　　　　= 15
(4) 20 - (<u>11 - 5</u>) = 20 - 6
　　　　　　　　　= 14
(5) 81 - (<u>30 - 9</u>) + 12 = <u>81 - 21</u> + 12
　　　　　　　　　　　= 60 + 12
　　　　　　　　　　　= 72

❸ 上から2桁の概数にするので、上から3桁目の位を四捨五入します。
(1) 71<u>8</u>2 → 7200
　　45<u>0</u>1 → 4500
　　7200 - 4500 = 2700